黄河國家治理文獻集成（民國卷）第四册

《黄河國家治理文獻集成》編委會　編

總第六十八册

豫河志

（三）

吴篔孫　編
董杰　編

内蒙古出版集團
内蒙古人民出版社

圖書在版編目（CIP）數據

豫河志．三 / 吴篔孫，董杰編．-- 呼和浩特 ：内蒙古人民出版社，2025．8．--（黄河國家治理文獻集成）．-- ISBN 978-7-204-18447-7

Ⅰ．TV882.1

中國國家版本館 CIP 數據核字第 2025QS9283 號

豫河志（三）

吴篔孫　編

編　　者　董　杰
策劃編輯　王　瑶
責任編輯　王曉俊
裝幀設計　劉那日蘇　吉　雅　安立新
責任監印　包鐵柱
出版發行　内蒙古出版集團　内蒙古人民出版社
地　　址　呼和浩特市新城區中山東路 8 號波士名人國際 B 座 5 層
網　　址　http：//www.impph.cn
印　　刷　内蒙古愛信達教育印務有限責任公司
開　　本　880mm×1230mm　1/16
印　　張　14.25
字　　數　180 千
版　　次　2025 年 8 月第 1 版
印　　次　2025 年 8 月第 1 次印刷
印　　數　1—1000 册
書　　號　ISBN 978-7-204-18447-7
定　　價　120.00 元

編纂委員會

引言

千古河流成沃野，幾年沙勢自風湍。

得益于黃河冲積所帶來的疏松土質和有機物，中華先民利用石製工具開始了農業生產，并逐步發展出旱地粟作農業，『能够最大程度保障食物供給的穩定性，奠定了中華文明起源和形成的堅實基礎』〔一〕。而利用河水灌溉，提高區域可預測農業産量，『在産業史上起着最有决定性的作用』〔二〕。隨後，技術進步、經濟發展、人口增加，讓先民的文化生活大爲豐富。嚴文明先生評價道：『這是一場影響深遠的革命。』〔三〕在這場革命中，平衡水、沙、産、人四者之間的關係，始終是黃河治理的核心問題。四者關係一旦失衡，就容易引發諸多灾患。

歷史上，黃河下游因人口稠密、經濟發達，一直是學術界關注的重點。但自河源至今內蒙古托克托縣河口鎮的黃河上、中游區域，雖遠離王畿，人口稀疏，却也一直備受關注，人們逐步認識到黃河全流域治理是國家的重要任務。《漢書》載：『堤防之作，近起戰國，雍防百川，各以自利。』〔四〕没有全流域的協同治理，僅靠各地分段築堤，則黃河河患無法解決。秦建立了中國歷史上第一個中央集權大一統王朝，秦始皇東巡碣石，刻石銘記『决通川防，夷去險阻』〔五〕，開啓中央政府調動各要素治黄之先河，這『在中國，實質上是國家的一種職能』〔六〕。同時，國家通過對黄河的有效治理，爲沿黄流域人民群衆乃至其他地區人民群衆提供了重要的公共物品和産業支撑，成爲人民群衆眼中中央政府的功過評價指標之一。因此，治黄在增强沿黄各族群國家、政治、文化認同的基礎上，强化了中國大一統國家的合法性，成爲歷代國家治理能力的一個重要測度。

一、黄河治理維護了國家的社會穩定

從秦并六國到漢朝建立大一統國家，中國統一的多民族國家形成并得到初步發展。當時中央政府對所轄疆域有『北邊郡』和『内郡』之稱。内蒙古額濟納旗出土的居延漢簡有載，『貇（墾）田以鐵器爲本北邊郡毋鐵官印器内郡令郡以時博賣予細民毋令豪富吏民得多取販賣細民』，可以看出北邊郡是與内郡相對應的行政管轄區域。《史記》卷二十八『封禪書第六』載：『上乃遂去，並（并）海上，北至碣石，巡自遼西，歷北邊至九原。』〔七〕。《史記》卷三十『平準書第八』載：『天子北至朔方，東到太山，巡海上，並（并）北邊以歸。』〔八〕司馬遷多次提及北邊，足見統治者對北邊治理的重視。

漢武帝時，齊人延年提出從今内蒙古引黄河水經今北京一帶，向東注入渤海，以衛北部邊疆。『是時方事匈奴，興功利，言便宜者甚衆。齊人延年上書言：「河出昆侖，經中國，注勃海，是其地勢西北高而東南下也。可案圖書，觀地形，令水工凖高下，開大河上領，出之胡中，東注之海。如此，關東長無水災（灾），北邊不憂匈奴，可以省隄（堤）防備塞，士卒轉輸，胡寇侵盜（盗），覆軍殺將，暴骨原野之患。天下常備匈奴而不憂百越者，以其水絶壤斷也。此功壹（一）成，萬世大利。」』〔九〕《史記》卷二十四『樂書第二』載：『天馬來兮從西極，經萬里兮歸有德。承靈威兮降外國，涉流沙兮四夷服。』〔十〕如今，包頭地區出土了『四夷盡服』瓦當，出土文物與傳世文獻的呼應，成爲黃河治理維護祖國北部邊疆穩定的見證。

《史記》卷三十『平準書第八』載：『嚴助、朱買臣等招來東甌，事兩越，江淮之閒（間）蕭然煩費矣。唐蒙、司馬相如開路西南夷，鑿山通道千餘里，以廣巴蜀，巴蜀之民罷焉。彭吳（吴）賈滅朝鮮，置滄海之郡，則燕齊之閒（間）靡然發動。及王恢設謀馬邑，匈奴絶和親，侵擾北邊，兵連而不解，天下苦其勞，而干戈日滋。』〔十一〕清代《汾陽縣志》卷十三『藝文』收録曹學閔《開修黃蘆嶺車路紀德政碑記》，上載：『永寧州，界連西陲，北達邊外歸綏諸路，商賈遠貿粟麥，泛皮船隨黃流南下，聚于州西磧口，一府之民仰利賴焉。而東至太原，南抵平陽，州縣凡二十餘，亦視汾爲橐籥，蓋所繫非特一方生計矣。』〔十二〕民國時期，東北淪陷後，開發西北刻不容緩，而『黃河中游之水利，自應加以擴充及整理，藉（借）收桑榆之效，以挽狂瀾於（于）萬一』〔十三〕。

因黃河流域自然條件優越，歷朝歷代都十分重視對此地的開發，通過强有力的國家干預方式推動各類産業的發展，爲中國北部疆域的形成和社會穩定奠定了基礎。

二、民族交往、物資交流、技術轉移促成黄河治理共同體

《史記》卷十五『六國年表第三』載：秦始皇三十三年（前214），『築長城河上，蒙恬將三十萬』[十四]。這數十萬人中，擁有一技之長的人員不在少數。由此，邊地人口不斷增多，而豐富的物産則促進了商品交流與統一市場的形成。西漢《鹽鐵論·力耕第二》記録了『异物内流』的情形：『是以赢（騾）驢馲駞（駝），銜尾入塞，驒騱騵馬，盡爲我畜，鼲鼦狐貉，采旃文罽，充於（于）内府，而璧玉珊瑚瑠（琉）璃，咸爲國之寶。』[十五]此後，黄河北岸的『赢（騾）驢馲駞（駝）』『驒騱騵馬』『鼲鼦狐貉』『采旃文罽』與西南織錦、中原麻織、農作物等物資相互交流，逐步形成統一的國内大市場，加强了邊疆與其他地區的經濟聯繫，促進了邊疆特色産業的發展。

隨着民族交往交流交融的增强，清代以降，黄河流域内蒙古段輸入到内地的也不僅僅是『异寶』了。《綏遠通志稿·水路》載：『自乾隆以還。口外墾殖日廣。民殷物阜。出境之油、糧、鹽、鹼（碱）、甘草各貨。入境之日用雜貨。山西與歸綏往來之商運。凡經河路者皆以托屬河口爲唯一之碼頭。』[十六]從清乾隆年間到民國時期，由内蒙古經黄河運到山西的貨物有糧、油、鹽、碱、藥材、皮毛等，其中以糧油爲最大宗。糧食品種主要有糜黍、穀子、高粱、豆類及玉米、大小麥

等，油料主要是胡麻。内蒙古供貨支綫有從阿拉善盟阿拉善左旗吉蘭泰鹽池到山西吕梁市磧口鎮的運鹽駝路，五原縣、臨河區一帶各大幹渠的運糧水道，杭錦旗、達拉特旗的甘草馱運綫，鄂托克旗的運碱駝路。内蒙古段各條支綫以供貨爲主，山西段若干支綫以運銷爲主。

《臨縣志》載：『清朝乾隆至民國年間，陝、甘、綏、蒙等地的物資，通過此航綫運達磧口，再用牲口馱運到離石、吴城，轉運至東路（汾、平、介、孝等縣）。據民國 20 年（1931）統計，每年從綏遠磴口航至磧口的貨船不下 4000 餘艘』，『是陝、甘、綏、寧與晋西北物資集散之重鎮』。〔十七〕可見，内蒙古在甘肅、寧夏與陝西、山西等沿黄上下游物資交易中起到了重要的聯結作用；同時也吸引了山西、陝北、河北、山東、甘肅等地的農民遷移至此，并將開渠打壩、引水澆地等農業生産技術、手工技術和商業貿易經營方式帶到這裏。他們在此扎根，除了從事農業生産外，還挖甘草、下窑背炭、在黄河上拉船、在沙漠中拉駱駝、打短工放冬羊、開碾磨油坊，等等。不同地域、不同民族的人們合力修築河渠、引水興業，逐漸形成休戚與共的共同體。其間積纍的産品交易、商業管理、社會治理等方面的經驗，在今天依然有借鑒意義。

清代『首重治河，探河源以窮水患』〔十八〕，但更深層次的考量是『宣揚大一統及增强國家認同』〔十九〕。黄河流域人口基數大、分布廣，而全流域治理理念將不同地區、不同民族的人們凝聚成命運共同體，而『大一統』理念正是這一治理實踐的核心主題。

三、黄河流域拓展了中國的發展空間

早期統治者因巡幸及邊防建設所需，統籌管理沿黄河運與秦直道等沿黄馬道，維持着中央政府對北邊的有效治理。河套平原引黄渠道的建設爲秦漢王朝屯田事業提供了基本的水利保證，并將這些區域變成防禦北部邊患的大後方與根據地。于是，沿黄馬道、沿黄河運與萬里茶道、草原絲路等陸路運輸聯通起來，促進了中華文明與其他文明的交流互鑒，拓展了新的發展空間。

新中國成立之後，沿黄各族兒女在中國共産黨的領導下團結合作、艱苦奮鬥，實現了大河安瀾。黄河流域建立起行之有效的防洪抗汛機制，支撑着沿岸的産業發展，改善了周邊生態環境。當代治黄史證明，正是由于中國共産黨的正確領導以及集中力量辦大事的制度優勢，纔從根本上减輕了河患的威脅。進入新時代，黄河流域在築牢安瀾根基的同時，以蓬勃活力拓展着中國的發展空間。沿黄九省區在協同發展中不斷釋放潛力，讓黄河流域成爲國家區域協調發展戰略中不可或缺的重要一極，爲中國的發展源源不斷地注入新動能。

綜上所述，黄河流域的治理不是單純的河道治理、生態環境治理或社會治理，而是一種關涉水、沙、産、人四者關係的系統性、協同性治理，是推動國家可持續發展的動力，也是厘清國家治理與邊疆治理兩者動態交互實際效果的絶佳視角。而黄河工程等『中國本土理論資源、學術積釁』[二十]，有助于研究國家治理的演進歷程。進入新時代，黄河治理與國家治理的關係研究不斷開闢新視角、持續涌現新成果，其中鑄牢中華民族共同體意識、邊疆治理與黄河流域生態保護和高質量發展成爲非常重要的研究視角。因此，基于這一角度搜集整理黄河國家治理文獻，意義重大。《黄河國家治理文獻集成》，應運而生。

本叢書系統梳理了黄河治理的歷史脉絡與經驗，既爲新時代黄河流域生態保護和高質量發展提供了歷史鏡鑒，更以文獻爲載體，傳承了治理智慧、凝聚了民族力量，是服務國家發展戰略、鑄牢中華民族共同體意識的重要學術實踐。

《黄河國家治理文獻集成》編委會

二〇二五年一月

〔一〕韓建業：《中華文明的起源和形成》，載《中華民族共同體研究》2022 年第 4 期，第 80-91+172 頁。
〔二〕中共中央馬克思恩格斯列寧斯大林著作編譯局：《馬克思恩格斯選集》第二卷，人民出版社，2014 年，第 240 頁。
〔三〕嚴文明：《黄河流域文明的發祥與發展》，載《華夏考古》1997 年第 1 期，第 49-54+113 頁。

〔四〕（漢）班固：《漢書》卷二十九『溝洫志第九』，中華書局，1964年，第1692頁。
〔五〕（漢）司馬遷：《史記》卷六『秦始皇本紀第六』，中華書局，1963年，第252頁。
〔六〕冀朝鼎：《中國歷史上的基本經濟區與水利事業的發展》，朱詩鰲譯，中國社會科學出版社，1981年，第7頁。
〔七〕（漢）司馬遷：《史記》卷二十八『封禪書第六』，中華書局，1963年，第1398-1399頁。
〔八〕（漢）司馬遷：《史記》卷三十『平準書第八』，中華書局，1963年，第1441頁。
〔九〕（漢）班固：《漢書》卷二十九『溝洫志第九』，中華書局，1964年，第1686頁。
〔十〕（漢）司馬遷：《史記》卷二十四『樂書第二』，中華書局，1963年，第1178頁。
〔十一〕（漢）司馬遷：《史記》卷三十『平準書第八』，中華書局，1963年，第1420-1421頁。
〔十二〕（清）方家駒修，（清）王文員纂：《汾陽縣志》卷十三『藝文』，清光緒十年刻本，第57-58頁。
〔十三〕王華棠，劉錫彤，吳樹德：《黃河中游調查報告》，華北水利委員會編印，1934年，第1頁。
〔十四〕（漢）司馬遷：《史記》卷十五『六國年表第三』，中華書局，1963年，第758頁。
〔十五〕王利器：《鹽鐵論校注》，中華書局，1992年，第28頁。
〔十六〕綏遠通志館：《綏遠通志稿》第十冊，內蒙古人民出版社，2007年，第176頁。
〔十七〕臨縣志編纂委員會：《臨縣志》，海潮出版社，1994年，第273，321頁。
〔十八〕趙爾巽等：《清史稿》卷一二六『河渠一』，中華書局，1977年，第3715頁。
〔十九〕劉惠：《乾隆朝重構黃河河源的實踐與國家認同》，載《清華大學學報》（哲學社會科學版）2018年2期，第147-154+195頁。
〔二十〕許耀桐：《當代中國『治理』概念的演進探析》，載《國家現代化建設研究》2023年3期，第100-111頁。

出版前言

黄河，中華民族的母親河，她不僅孕育了中華文明，更見證了中華民族數千年的發展歷程。習近平總書記深刻指出：『從某種意義上講，中華民族治理黄河的歷史也是一部治國史。』這一重要論述，爲新時代黄河文化的保護傳承以及流域治理提供了根本遵循，也深刻揭示了黄河治理在國家發展和民族復興進程中的核心地位。在學習貫徹習近平新時代中國特色社會主義思想，積極響應國家黄河流域生態保護和高質量發展重大戰略，大力推進北疆文化建設的背景下，《黄河國家治理文獻集成》的編纂出版，具有重要的歷史意義、學術價值與現實指導意義。

黄河治理，自古以來就是國家的頭等大事。從遠古時期大禹治水，到當代運用科學技術進行系統治理，中華民族在數千年的時間裏，積累了豐富的治河經驗，留下了浩如烟海的文獻遺産。《黄河國家治理文獻集成》收録了元代至民國時期古籍、朱批奏摺、期刊圖片等多模態文獻資源。這些文獻内容豐富、維度多元，既包含記載河工技術、治理方略等的專書，又有漢文朱批奏摺、工程檔案以及不同區域的調查研究報告等。民國時期的文獻則標志着現代水利科學開始融入黄河治理，展現了我國水利事業在時代變革中的創新與發展。近代照片的收録則以更加直觀的方式將黄河治理、黄河沿岸的風貌呈現給讀者。

該文獻的出版，不僅是對瀕危黄河文化遺産的及時搶救與保護，更是對我國水利史、國家治理史、邊疆治理研究學術鏈條的重要補充，具有較高的文獻價值和學術意義。尤爲重要的是，這一集成工作，深度契合鑄牢中華民族共同體意識這一全黨全國各族人民的共同任務。各民族在治理黄河的歷史進程中，緊密協作、共同探索，這些珍貴文獻便是各民族交往交流交融和中華文明認同的生動見證。對這些文獻進行整理出版，能够讓各族人民更加深刻地認識到，在歷史長河中，各民族共同爲黄河治理貢獻了力量，共同守護了家園，從而進一步增强對中華民族共同體的認同感與歸屬感，夯實鑄牢中華民族共同體意識的歷史根基。

《黄河國家治理文獻集成》以『國家治理』爲核心綫索，構建起一個全面、系統、多維的文獻體系：在時間跨度上，聚焦從元代至民國這一傳統治河向現代水利轉型的歷史時期，爲深入研究我國水利事業的發展脉絡提供了清晰的時間坐標；在内容分類上，細緻劃分爲技術專著、工程檔案、區域研究、朱批奏摺、科學報告、圖片等類别，涵蓋黄河治理的各個方面，從不同角度展現了我國在黄河治理上的探索與實踐；在版本選擇上，秉持嚴謹、科學的態度，確保文獻内容的準確性與代表性，爲學術研究奠定堅實基礎。

在編纂過程中，叢書特别注重『全流域治理』的理念，不僅收録了有關下游防洪治河的重要文獻，還涵蓋了中游地區水土保持以及上游地區灌溉開發等方面的珍貴記載。這種對黄河全流域治理的全方位關注，與當前『共同抓好大保護，協同推進大治理』的要求高度契合，充分體現了叢書在傳承歷史文化遺産的同時，緊密服務于當代國家發展戰略的時代價值。

在出版過程中，嚴格保持原書的版式與行款，最大程度地還原文獻原貌。對于部分出現黴變、殘缺的頁面，運用先進的數字化修復技術進行精心處理，在保留原始批注與印章痕迹的基礎上，兼顧了文物的真實性與文獻的可讀性。

此外，爲了更好地服務讀者，方便學術研究，本叢書新增了目録、提要等内容，這些新增部分由編委會精心撰寫。新增目録一般編製二級，個别圖書編製三級；原書有目録而内文無對應標題的，根據原書目録照録；原書目録爲關鍵詞或者其他情况的不編製目録；原書目録與内文不一致的，以原書内文爲準；原書無目録的，按卷端、版心或其他部分輯録；一册書中收録多種圖書的，以書名爲一級標題，編製二或三級。在文字使用上，統一使用現代漢語規範繁體字，對于原版文獻中的异體字、避諱字也使用現代規範繁體字，無對應規範繁體字的保留原字。

《黄河國家治理文獻集成》的出版，是對黄河文化遺産的一次系統性、搶救性保護，具有重大而深遠的現實意義：從學術價值層面來看，叢書成功構建起一座連接傳統與現代治黄文獻的橋梁，爲黄河流域生態保護、水利工程史、國家治理史、邊疆治理、中華民族共同體學等多個領域的學術研究提供了豐富、翔實的基礎文獻，有力推動了相關學科的發展與創新；從文化價值角度而言，生動展現了北疆文化與黄河文化在歷史長河中的交融共生，爲内蒙古『北疆文化』品牌建設提供了堅實的文獻支撑，進一步豐富了中華文化的内涵與外延；從實踐價值方面考量，書中所藴含的治河理念爲我們在新時代背景下實現人與自然和諧共生、推動黄河流域可持續發展提供了寶貴的歷史經驗與智慧啓示。

在此，我們要衷心感謝各藏書機構的大力支持，正是他們提供了珍貴底本資源，纔使得本叢書的編纂出版成爲可能。同時，我們也要向文化遺産智能應用服務中華民族共同體建設『英才與蒙』團隊致以崇高的敬意，他們歷經五年的辛勤耕耘，以嚴謹的治學態度和專業的學術素養，對文獻進行了系統的整理和輯録，爲叢書的内容質量提供了堅實保障。此外，我們還要特别感謝内蒙古自治區黨委宣傳部、内蒙古出版集團將本叢書納入『北疆文庫』重點項目，并在出版過程中給予全方位支持與幫助。

我們衷心期待，這套凝聚着無數心血與智慧的《黄河國家治理文獻集成》，能够在新時代的『黄河大合唱』中奏響歷史的强音，爲黄河流域生態保護和高質量發展注入强大的歷史動力，讓黄河文化在保護中傳承，在傳承中創新，在創新中不斷發展，綻放出更加絢爛的光彩。同時，希望這套叢書能够成爲促進各民族文化交流、鑄牢中華民族共同體意識的重要載體，助力各民族更加緊密地團結在一起，共同爲實現中華民族偉大復興的中國夢而努力奮鬥，讓中華民族共同體意識在黄河文化的滋養下，扎根于每一位中華兒女的心中，成爲推動中華民族不斷前進的强大精神力量。

提　要

《豫河志》于1923年出版，是河南省境内黄河（及沁河）水利工程的首部專志，由吴篔孫主編。吴篔孫，河南固始人，生卒年不詳。

全書共28卷，涵蓋圖、源流、工程、經費、祀典、職官、雜記等七大板塊，約29萬字。在源流部分，本書主要徵引了《禹貢》等史籍，其餘部分則以斷代形式記述了從清順治元年（1644）至宣統三年（1911）的豫河史料，開創了以省為單位撰修河志的先河。儘管《豫河志》未涉及地下水文、生態影響等現代議題，但它為後續研究提供了寶貴的數據基礎。本次出版采用的是1923年鉛印本。

目録

豫河志卷十五　經費二

嘉慶四年六月諭戸部議駁吳璥等奏請攤征河工稭料運費銀兩一摺部駁甚是著依議行河工需用料物價值例有正項開銷豈容輕議加增況自睢汛大工合龍穩固後並無搶險之事不過歲修常辦工程乃該督等以籌備料價爲詞請於地糧內按年攤征銀十四五萬兩使豫省羣黎均受其累爲民上者豈忍出此雖所稱酌添運費每稭一觔止係五毫而一經州縣吏胥之手則層層加派所征必不止於此數且議加之後不能復減非暫時藉資民力竟永遠累及閭閻矣乾隆五十七年穆和藺曾爲此奏彼時欽奉諭旨以每年常辦之工動議增添年復一年伊於何底朘小民之脂膏爲不肖官吏影射侵漁地步特將穆和藺及前任初議蹕行各巡撫一併嚴加議處豫省豈無檔案可稽而敢踵爲此奏乎朕向聞河工積弊有溢用不能開銷之款往往借他項彌縫該督等奏請加增運費大約不出乎此倭什布吳璥吳熊光俱著交部嚴加議處

嘉慶七年奏准直隸河南山東江南等省河工堵築事竣例應分賠銀兩數在三百兩以下者定限半年三百兩以上者定限一年數在千兩至五千兩者定限四年五千兩以上

者定限五年勒令完交若數至萬兩以上者以十分計算於五年限滿日完至七分者其餘照准未完銀數按例起限完交如限滿不完及萬兩以上限內完不及七分者即由該承追衙門查參現任人員停其升調效力人員停其補授勒限完納其應升調及補授各河員並曾任河工地方別經升調人員吏兵二部於題請到日移咨工部查明有無逾限未完欠項核覆辦理如有逾限不完之項該督撫率行題請升補者將督撫一併查參如係升調候補及丁憂告病人員通查原籍任所實無家產隱寄者准其於補官日完交如係革職及已故人員由該旗籍查明該員子孫並無服官實係家產盡絕別無隱寄者該旗籍及任所官出具印甘各結咨部年終彙題豁免不得率議分攤致滋擾累其或委辦工段草率偷減或購辦料物有侵蝕虧短損失燒燬等項情節專摺請旨勒限追交外該上司亦有僉委不愼之咎如本人無力完繳即著落該上司名下攤賠如攤賠之項上司別經事故查無家產者即著照例豁除不得輾轉分攤致違定例違者照例議處

嘉慶八年諭工部奏河道搶險工程請飭河臣於奏報情形摺內確計丈尺銀兩以昭核實係爲愼重錢糧起見但險要工程臨時急須搶護多係刻不容緩是以向來各該河臣

奏報情形均即一面興修迨各處工竣分案造册題估今若令其於估計後始行搶修轉致於河工有誤殊有關繫惟是各該河督奏報摺內凡遇搶險處所往往用一帶等處字樣並不確指起止地名恐啟廳汛各員影射浮開及事後增添情弊亦不可不防嗣後凡有添築埽壩等工如勘明實係緊要處所萬難稍緩者仍著各河臣一面上緊搶護一面於興工後即將新工地名段落確實聲明並各工長寬高厚丈尺若干約需銀數若干逐一分開詳細具奏以便交部查核不得仍稱一帶等處語涉含混其尋常各工仍俟估報後再行興修庶於國帑工程均歸核實而杜浮冒

嘉慶八年十月以衡家樓河溢暫開衡工捐例

嘉慶九年諭豫省河防歲料向於新料登場後用例價採買今據奏稱沿河州縣上年本屬歉收而此次堵築衡工需料較多搜購殆盡此時設法辦理未免諸形昂貴自係實在情形著照所請將現在購料之上南等九廳各按距工遠近分別酌加價值迅行採買以備要需所有此項加價銀十九萬餘兩著即於司庫墊撥仍照例攤征歸款該河督等當飭令各廳員妥爲經理毋使稍有浮冒累民

嘉慶十年奏准豫省黃河每年豫籌銀三十萬兩於地丁項下提撥補本年搶險之用

嘉慶十一年奉旨河工歲辦秸麻向無定價今查明原定例價實屬不敷所有秸麻一項著准其照例價加增一倍採買報銷以歸核實

嘉慶十一年諭河工應用夫木土石等項向來因價值加增承辦廳員詳請加價該河督即照時價批准復恐不能按例報銷遂任承辦之員虛估工段寬報丈尺以符部價是該河督明知所報不實據册咨部部中亦即照所開工段丈尺核銷竟係相率為偽且廳員等以報部工程俱係通融開報勢必藉稱例價不敷任意浮冒其弊將何所不至上下相蒙不成政體著照戴均元所奏准其將應用物料按照時價實用實報不得稍有虛假仍著將各項物料價值由地方官詳報督撫按月咨部存查至物價隨時長落原無一定近日物料昂貴人所共知倘嗣後物價已就平減而報部之數仍按價貴時報銷則係承辦之員蒙混侵蝕必當嚴參懲辦設將來物價較此時復有加增亦准其據實咨部該河督等惟應督飭在工大小官員各矢天良確估核銷毋任絲毫浮冒

嘉慶十一年諭河工用費浩繁其弊混之處層出不窮不可不設法嚴杜前經降旨令將

河工報銷一事按照時價具報不准浮開工段以示核實復因例價係多年奉行時價係早晚更易若專憑時價核辦則部中竟無例可循亦滋流弊續經降旨於工程報銷時將定例准銷若干不敷若干應增時價若干隨案聲晰具奏但此事總在經管大員隨時實心查察認眞辦理方於辦工無誤而用項不至虛銷京城辦理工程皆特派大員查驗收工鐵保僅請令州縣於工滿之日親赴查驗尚不足以昭鄭重嗣後竟當派司道府大員前往各工按原估工段丈尺逐加查勘並將河工例價應報若干現在因何不敷應加至幾倍方能辦理之處據實結報方准奏銷若查有偷工減料情節即嚴行揭參治罪以示懲儆倘司道府等瞻徇不舉別經發覺一併治罪不貸

嘉慶十四年築衡工大壩南面越埝挑壩土方銀二萬五千餘兩

嘉慶十四年諭黃河南北兩岸大隄關緊緊要自嘉慶八九兩年培築以來閱今數載節次盛漲漫灘隄根逐漸淤墊其隄身單薄處所自應擇要增培所有兩岸七廳隄壩估需土方銀五萬四千餘兩即於藩庫動撥責成該道廳於大汛以前一律赶辦完竣務期帑不虛糜工歸實用以資保衛

嘉慶十五年諭河工修防事宜首重歲修次則搶修如果認眞經理自不應有另案之工從前例價不敷廳員等或借另案名目通融辦理乃自嘉慶十一年加價之後歲搶修二項價銀業已增至兩倍而另案工程仍不減少據工部摺內稱查核所奏各案其以舊埽朽腐沈陷蟄塌另案開報者竟有四分之一是明係歲修工程不能堅實甚或止將情形較輕處所畧事補苴轉將實係沈蟄朽腐者留爲另案開銷地步亟須劃定限制應即照工部所請嗣後著該河督等將每年三汛內修過工段丈尺分次開單具奏再行彙案題估如有現在修防未經報明淤閉之工旋因舊埽空虛沈陷蟄塌另案奏報者將所需銀兩著落該道廳等官分別賠繳不准開銷並著該河督等將各廳汛新舊埽工開具地名起止段落丈尺某段業經淤閉某段現在修防造具總册送部其每年增入修防及續經淤閉者再於秋汛後專案另報以憑查核

嘉慶十六年諭李亨特等奏沿河稭束歉收購運歲料懇恩暫增價值一摺本年黃河異漲河南沿河灘地被淹稭束歉收且江境興舉鉅工料價騰貴該省豫辦歲料例幫二價不敷購運自係實在情形著照所請將河南歲料價值於例價幫價外每觔增銀五毫每

垛五萬觔增銀二十五兩並例幫二價共銀九十五兩所有本年應辦十七年歲料著即照加價辦理俟來年秸束有收即行停止其河南增價銀兩即著於十七年減辦稭垛節省例幫二價及十五六兩年捐廉項下節省銀兩並開歸河北道庫備防稭料價銀款內動用

嘉慶十七年奏准衛家樓大工案內原撥粵海關銀一百萬兩作爲豫省歲料幫價成本交兩淮長蘆各商每月一分生息以爲歲料之用自二十三年停止撥廉提用息銀

嘉慶十七年議准豫省採辦歲料每垛除例銀四十五兩外再加幫價二十五兩共例幫價銀七十兩不得以五六七八等月新舊不接工用較緊於幫價之外復行議增

嘉慶十七年議准豫省採辦歲廂每觔除例價銀一分四釐四毫外再加幫價銀兩一分四釐四毫共例幫價銀二分八釐八毫其搶險添辦廂觔照歲廂價值採辦不得於幫價之外再請加增至隔河運送廂觔如南北兩岸有應需爲調劑之處即於所加幫價銀內酌籌辦理亦不得於幫價之外再請增加

嘉慶十七年議准河工報銷按束核觔按觔核價以符定例

河南印刷局印

嘉慶十七年議准査驗拆出徵爛不適工用之料不及一成及抽秤觔重有一處不足者將承辦之廳員革去頂戴戴罪賠補全完開復一成以上至二成及觔重有二處不足者承辦之員降三級調用仍押令賠補二成以上至三成以外及觔重有三處不足者承辦之員革職賠補如無力賠補貲成該管道員照數賠繳該管道員如先行査出揭報免議其失察者一併分別議處

嘉慶十七年議准各省河工豫辦歲料及備防料物該督撫於採辦完竣時將各廳實買料物若干先行造册送部年終再行造具舊管新收開除實存四柱清册送部備査並於修工案內將動用何項料物若干數目詳細聲明以憑查核

嘉慶十八年議准下南河廳祥符上汛黑堤一工兩面均有積水既塘土方例價不敷每方暫加價至八分四釐及一錢三分四釐不等嗣後不得援以爲例

嘉慶十九年諭英瑛等奏酌定料物土方價值一摺豫省今歲雨水霑足新稭新蘇現已漸次刈穫俱屬豐稔該河督等將減料價酌較上年所定稭料每垛減去銀五十兩蘇麻每觔減去銀五釐所辦甚屬妥貼其土方每方於例幫價三錢外酌加幫價一錢亦著照

所請辦理

嘉慶十九年奏准河南省黃河兩岸防險工程在司庫存公銀内動支銀一萬兩以五千兩分儲南岸鄭州並歸德府庫餘五千兩另儲武陟封邱二縣庫

嘉慶十九年命河東副總河歲支養廉銀四千兩

嘉慶二十年奏准豫省河工歲料不敷搶險之用於五千垛之外每年添購二千餘垛例給價銀全行作正開銷

嘉慶二十年諭吳璥等奏請酌加歲料津貼銀兩仍入大工案内攤征歸款一摺豫省值興辦大工之後存料較少例價不敷若責令照舊購買恐廳員等藉詞賠墊貽誤工需加恩著照所請將附近雖工購料最難之儀睢曹考下北三廳每觔加銀五毫距工稍遠之蘭儀下南商虞祥河四廳每觔加銀四毫距工較遠之中河上南歸河衛糧黄沁五廳每觔加銀三毫並收買柳枝雜草搭配稭料所有乙亥年歲料四千五百垛共加價銀八萬七千餘兩著由司庫墊發即照例統入大工案内攤征歸款

嘉慶二十一年諭方受疇奏籌撥河工搶險銀兩一摺豫省河工每年於藩庫地丁内撥

銀三十萬兩另款存儲以爲搶險之用所有上冬支發豫買秸料銀十四萬兩著毋庸扣除仍照向例儲備其臨時添撥銀兩若於具奏後給領實恐緩不濟急嗣後如遇歲定搶險銀三十萬兩將次用完著該河督察看情形應需添撥若干會同該撫覈明一面具奏一面行司提取備用俟霜降後如有餘存仍奏明歸還原款覈實報銷毋稍浮冒

嘉慶二十一年議准河南省黃河搶修每年不得過二十三萬兩

嘉慶二十一年奏定東南兩河每年另案用過銀數令該河督將一年統用銀數彙奏一次並將上三年用銀多寡比較以備查覈

嘉慶二十二年奏准增培黃河南北隄壩津貼銀十二萬三百餘兩在司庫內籌撥

嘉慶二十三年諭吳璥等奏稭料運費繁重例幫二價不敷抽挑河渠人夫口食維艱著照所請准其每稭一觔給銀二釐每土一方給銀三錢工竣覈實報銷

嘉慶二十四年諭吳璥等另摺所奏採辦稭麻與挑土方例價不敷請照歷次辦理大工酌增例價幫銀著照所請秫稭一項每觔准給例價幫銀四釐蘇麻一項每觔於例幫價銀四分之外准其再加二釐挑挖引河及抽溝土方價值准其每方給幫價銀四錢其壩

頭各項土工仍照向例每方銀給三錢所需例帮價銀俟工竣之日仍照例分別銷賠攤征

嘉慶二十四年十月諭吳璥等奏從前歷屆大工均有投効之例或認辦工段或交納捐資此次武陟大工請援照成例准令各省投効人員赴工捐輸交納豫省藩庫除准分發四省三河外其連界之山西陝西安徽湖北浙江等省並准分發自道員至佐雜分別授職等語見在武陟大工需費浩繁著照所請准令各省人員投効其如何按捐輸之多寡分別授職及分發之處仍著吳璥等查照上屆成例妥議具奏

嘉慶二十四年十月諭本年豫省武陟興辦大工節據吳璥等奏請撥解工需銀九百六十萬兩連次奏報止於勘定壩基尚未興工進占昨又據奏請暫開投効事例亦准其所請合計給發工銀幾及千萬又有投効人員捐資儘足敷大工之用將來如有贏餘工竣仍當覈實奏繳不准再請分毫慎之朕聞向來興舉大工每於工次搭蓋館舍並開廛列肆玉器鐘表紬緞皮衣無物不備市儈人等趨之若鶩且有娼妓優伶爭投覓利其所取給者悉皆工員揮霍之貲而工員財賄無非由侵漁帑項而得此種惡習歷次皆有惟十

九年睢工較爲慎約此次吳璥等務當嚴禁浮靡將所發帑項實歸工用不特吳璥那彥寶李鴻賓琦善四人應一塵不染所有在工文武員弁俱當嚴行約束勿以國家重大工程爲伊等漁利行樂之地如有違背小者枷示大者正法法在必行朕言不再此時工需銀兩計已陸續到工吳璥等著即尅期興工進占定於明年桃汛前合龍如屆期不能蕆事亦必將吳璥等治罪不貸將此諭令辦工大小官吏知之

嘉慶二十四年十月諭李鴻賓著給予郎中銜留於河南專司大工錢糧伊曾任大員儻工需內有冒濫支應之處准其直揭部科如果慎司出納辦理核實工竣時交吏部帶領引見候朕施恩若不認眞稽覈定行治罪不貸

嘉慶二十五年諭吳璥等奏馬營壩工續請加價銀兩懇請前後統計增給等語前據吳璥等奏馬營壩大工承辦稭料土方因道遠雪大每料一觔請加銀一釐共銀五釐每土一方請加銀一錢共銀五錢當經降旨准其自奉旨之日爲始併入攤征茲復據奏稱此次購料運工至五六百里以外挑河集夫至四五十萬之多承辦各員賠累過甚所增之價實係前後牽算酌加津貼所奏尚屬實在情形著照所請准其前後牽算統計增給併

入攤征項下歸款

嘉慶二十五年諭張文浩等奏酌議儀封料土價值一摺著照所請每料一垛給銀一百八十七兩每縻廂一觔給銀四分其挑河抽溝土方每方給例加價銀五錢壩工及各項土工每方給例加價銀三錢例價照銷加帑各價攤征還款

嘉慶二十五年奏准儀封漫口工程內有土性沙鬆必須包築淤土工段每土一方酌加津貼銀一錢八分四釐

嘉慶二十五年八月以儀封漫口准淮商捐銀一百萬兩豫備工需

嘉慶二十五年奏准儀工善後工程按儀封酌減稭料每觔給銀二釐四毫廂每觔給銀三分二釐其取土最遠及水中澆築者土每方給銀四錢其次給銀三錢近者仍照例價作正開銷帑價攤征還款

嘉慶二十五年諭姚祖同奏酌議修理省垣護城大隄一摺河南省城濱臨黃河舊有護城大隄備禦堤等處險工上年祥符上汛六堡漫溢以致殘缺多處亟應培完以資保障據該撫委員勘估共土三十三萬五千二百五十九方零需銀六萬四千三百六十九兩

零請於通省攤捐養廉先借庫款興修分年接扣歸款豫省官員歷年攤扣款項較多再加攤此項隄工銀兩恐辦公不免拮据著加恩賞給銀三萬兩以爲工費准其作正報銷其餘銀三萬四千三百六十九兩零在豫省各官養廉內公同攤扣並准其先於司庫動撥嘉慶二十六七兩年暫將該省衙案軍需二成養廉停扣此二年中將此項隄工銀三萬四千餘兩全行扣完再扣衙案以示體恤

道光元年諭豫省連年黃河漫溢被水各州縣小民失業者衆其未經被災之區亦因歷次河工加價攤征款項積累繁多民力不免支絀宜緩催科俾資休息著加恩將該省衡工睢工加價及陶北河沁河賈魯河並各處隄工一切應行攤征銀兩均展緩三年再令接續完納其馬工儀工加價及沁河等項攤征銀兩並著緩至三年後再行奏明起限

道光二年諭河南儀工奏銷開報有以少報多之稭料引河等款即有以多報少之夫工雜科等款據玉麟等查明該省歷經辦有成案委無含混支飾著即令覈實報銷惟夫工項下誤列銀十萬二千二百七十六兩零例應剔出歸入該省原奏二兩經費項下支撥如或不敷按照原奏於通工河撫司道及知縣以上攤捐不准正項開銷其提扣八子錢

文雖係以公濟公而浮支濫用誠所不免除提入藩庫銀五千兩外計覈實銀四萬二千七百七十九兩零姚祖同既未奏明自認賠繳著即罰賠歸款計長支料價之邵蓀等十一員未繳銀十萬九千六百二十四兩零並吳錫寬買草未繳銀五千九百六十兩照例於原歸銷數內以六成准其開銷以四成劃出著落該撫司道分賠二成料員各賠二成原歸銷數之四成即行扣出不准列入開銷其扣出之誤列銀著罰賠八子錢及分賠料價各項共合銀十九萬一千二百九十兩零統令解貯藩庫河工歲修項下備撥

道光二年諭各省河道歲修搶修工程均有定額其另案工程動用在五百兩上下者分別奏明咨部所以昭覈實而重帑項也乃本年豫省河工另案動撥銀至一百餘萬兩之多如果工程盡歸覈實錢糧何致逐漸遞增河工情形隨時不同其工用既有增加之年即應有減少之年若每歲有增無減伊於胡底國家經費有常該河督並不加意撙節殊負朕委任之意嗣後遇有應辦工程著該河督隨時實力稽察毋得率聽屬員慫恿致滋浮冒如有多開工段寬估虛報等弊即行嚴參懲辦

道光二年奉旨戶部議覆署河東河道總督嚴烺等奏請於例撥防險銀兩外循例添撥

銀三十萬兩以裕工需著照所議准其在河南藩庫征存地丁項下動撥銀三十萬兩另款存貯備用至此項豫備搶險銀兩嘉慶二十三年以前均添撥銀二十萬兩自二十四年續請添撥之後即每年援以爲例概請添撥銀三十萬兩黃河水勢長落靡常原應察看情形預爲籌備然需用之數亦當歲有贏絀何以增添之後輒即作爲常額其奏請添撥摺內僅稱例撥銀兩將次用罄並未將動用數目切實聲明恐啓浮冒之漸著該署河督等將預撥帑項撙節動用嚴飭廳員覈實支銷總期工歸實用帑不虛糜嗣後請撥工需摺內務將已用銀數切實聲叙以憑稽覈

道光二年奏准河南省武陟縣堵合沁河南岸韓郎民埝漫溢各工仿古樊郎漫工成案稭料每觔共例加價銀二釐二毫每觔共例加價銀二分八釐八毫挑河凝餘還隄各土工每土一方共例加價銀三錢由司庫借撥照例攤征還款

道光三年奏准河南省武陟縣堵築小劉郎及原馬棚漫口需用稭料每觔給價銀二釐挑土每方給例加價銀三錢例價作正開銷加價攤征還款

道光五年諭程祖洛奏察看豫省攤征加價積欠一摺前據奏奮議接征河工加價等款

曾經降旨令將嘉慶十八年至二十五年積欠等項暫緩一年察看情形據實具奏茲據
該撫查明前項積欠本係該省查豁項內因年款較近劃出從前延欠多係被災窮民嗣
因災積歉欠戶半非原業且又有遞年應攤款項若新舊並征民力不免拮据自係實在
情形所有嘉慶十八年至二十五年積欠加價攤征等款共八十二萬七千二百四十兩
零除蘭陽因災已豁各加價銀九千四百二十九兩零尚應征銀八十一萬八千二百十
兩零著加恩概予豁免此係朕軫念窮黎恩施格外經此次蠲免之後民力自可展紓嗣
後該省應完現年丁耗並應攤加價及帶征歷年錢漕征款該撫務當嚴飭各屬實力征
催年清年款毋得藉口積逋妄生冀幸該撫亦不得冒昧再行奏請國家經費有常曠典
不可屢邀也

道光八年奉旨工部議覆嚴烺奏豫東黃河兩岸各廳隄堰壩戧等工所開丈尺土方銀
數單內土方價銀二錢一分六釐至三四錢不等並未將例價津貼各若干分晰聲叙著
該河督即飭該道於估銷冊內分別開明具題核辦至例價外津貼一項原係偶爾請加
乃自嘉慶十九年以後除二十年及二十四五等年照例開報外其餘各年俱請加津貼

撥以爲常年復一年何所底止嗣後該河督務當覈實估計力求撙節不得任聽工員率請津貼致滋糜費前經工部奏定章程令河督將一年統用銀數彙奏一次並將上三年用銀多寡比較以備查覈乃該河督每年總未將增培隄工銀數列入彙奏單內率以奏撥之項非常年例辦銀款爲辭試思隄工年年增培自應統入比較著河督嗣後彙奏單內除歲搶修定額外凡一年另案工程俱併入單內開明並將上三年用過銀數聲明比較毋得稍涉含混致干重咎

道光八年諭河工需費爲度支之大端近年例撥歲修搶修銀兩外復有另案工程名目惟常年所撥例項原爲修防搶險而設若一切修治得宜則不應險工新工層見疊出雖據該河督等於請帑摺內聲稱如有節省存爲下年工用亦不見實有節省向來河工積弊廳汛員弁總利於辦工即如黃河坐灣迎溜之處時而廂做埽段固有不得不然之勢然其間有不應廂而妄施工段者尚不知其凡幾總不過爲開銷錢糧地步甚至溜隨埽斜對岸生險險生而工費迄無已時迨至失事則又指爲無工處所冀圖影射規避縱有應行賠修工段亦止先以帑項興辦賠項終無繳期在該河督等受恩深重具有天良或

不致稍爲寖染豈能保工員之必無浮冒國家經費有常斷不容以如許帑藏供此漏巵前經降旨不得藉口另案名目任意虛糜嗣後該河督等務將年例撥解工需加意撙節如有應辦之工不能不假手廳汛員弁然總須責成該管河道各矢天良認眞督辦有犯必懲該河督等亦應破除情面時加查察稍有偷減虛冒等弊該道徇隱不揭一併嚴參懲辦以期力挽錮習工歸實用經此次飭諭之後無論歲修搶修及隨時興舉要工仍不能工堅料實致令帑項虛糜或經朕訪聞或被人糾參定將工員河道及該河督等一併執法嚴懲不稍寬貸

道光九年奏准嗣後彙奏一年另案銀數單內除歲修搶修定額外如實係興舉大工應於摺內奏明不入比較其餘常年奏明另案工程均令併入單內開明將上三年用過銀數聲明比較毋得另立專案辦理名目

道光九年奏准豫省北岸曹考廳應抛碎石水程較遠照例加增運脚每方銀十兩二錢六分六釐

道光十二年河東河道總督林則徐奏查核東河碎石工程情形疏曰竊臣於上年十一

月內在江南途次承准軍機大臣字寄道光十一年十一月初二日奉上諭本日嚴烺奏豫省上南中河曹考三廳險工酌拋碎石一摺已明降諭旨准於豫省藩庫照數撥發赶緊採運矣此項碎石工程起於南河道光七年九月間始據嚴烺奏蘭儀廳柴壩十八埽以上已將碎石蓋護化險爲平十八埽以下及下北十一堡兩修歲無虛日此後年復一年更恐危險堪虞現飭各道仿照柴壩碎石成案分別估辦以爲固工節費之計等語是年蘭儀下北兩廳當經降旨准行即用碎石拋護則歲料防險等項自應節省乃歷年以來碎石工程無歲無之而其採辦來年歲料及鑲辦防險銀兩并未節省絲毫究竟此項碎石工程是否於黃有益如果有益何以歲料並不見節省徒添出碎石一項費用林則徐係朕特簡甫經到任無所用其迴護此時亦不必亟亟著明查暗訪悉心體察情形據實覈奏將此諭令知之欽此當經臣附片陳明俟到東河訪察情形再行覆奏在案自到任以來將碎石檔册逐一檢查從前豫東黃河本無拋護成案因道光元年前兩江督臣孫玉庭南河河臣黎世序會奏以碎石工程實資鞏固並無流弊東河從前未拋碎石是以漫決頻仍請飭一體照辦即創始之初多費數十萬金而日後工固瀾安不惟節費實

可利民等語旋奉諭旨飭令仿照兼辦二年春間前河臣嚴烺覆奏請於北岸黃沁廳馬營挑壩酌量試拋繼因河勢不定僅拋兩段而止迨五年間調任河臣張井以南岸蘭儀廳柴壩工程險要議辦碎石兩次奏准拋護一萬四千八百餘方該處險工因成平穩迨後北岸之下北祥河曹考南岸之中河下南等廳先後仿照請辦經嚴烺節次奏准在案查此項動用錢糧除馬營壩拋試兩段不計外自道光五年至十一年已拋碎石共用銀六十五萬餘兩上多估辦之上南等三廳方價七萬四千餘兩尚不在此數之內核之歷年採辦歲料及請撥防險銀兩均未減少誠如聖諭碎石工程如果有益何以歲料並不見節省隨於兩次上隄周歷查訪並詢之年老兵民咸謂未辦碎石以前誠不知其有濟與否既辦之後每遇險工緊急潰埽塌隄力加拋護即不致於潰塌功效甚著等語惟何以未能省料之故詰詢員弁兵夫或謂拋石本在埽前祇能保埽段之不外游而不能禁舊埽之不下蟄故雖有石之埽仍不免擇要加廂惟較諸未經拋石之埽需料自然大減但統計兩岸隄工長至二十餘萬丈而隄前之有埽者六千八百餘丈埽前之有石者甫及二百七十餘丈豫東河面寬闊溜勢時有變遷此工閉而彼工生購料防險諸費即難

河南印刷局印

概省等語臣核其所言似亦近理然思用料之節省與否天事居其半人事亦居其半譬如極險之工忽然淤閉平緩之處忽又生工每非恒情所能測度工生則料費工閉則料省此存乎天事也亦有出於人爲者如順隄廂埽費料實多惟溜到隄根即不能不資以捍護而工非自閉亦不能不逐歲加廂若工員果悉機宜善揣溜勢則於工之將生未生豫築挑壩使之溜向外趨埽即可省蓋攩溜者埽而引溜者亦埽觀於埽前水深其故可想一壩得力可護數段之工則不須順隄廂埽而所省無算矣然若審勢未確挑護失宜壩守不住仍復退順隄廂埽則勞費更不啻什倍此又人事之難言者也總之有治人無治法在工人員果皆講明利弊自無枉費之工果能皆激發天良自無妄開之費至料物貯於隄上將道常川往來注目留心不徇情面似亦無可藏掩大抵覈實查驗即歲料與碎石並用未嘗無漸省之方如其不實則雖裁去碎石一項而他物稱是亦可藉端滋弊要在認真督察而已奉諭此項東河碎石工程起於道光二年嚴烺試辦僅拋兩段而止自道光五年至十一年已拋碎石共用銀六十五萬餘兩上冬估辦上南三廳方價七萬三千餘兩尚不在此數內核之歷年採辦歲料及請撥防險銀兩均未減少碎石既增歲

料自宜節省歲料不省碎石豈不虛糜吳邦慶並非河員出身無所用其回護著於交卸後迅赴新任與林則徐見面詳細詢問悉心體察情形如果估抛碎石化險爲平以後歲料漸可節省照運河各廳臨湖隄工兼用碎石歲銷錢糧無多豈不甚善若年復一年徒添出碎石費用則是於歲料外又增一項開銷國家經費有常豈能供此無底之橐至林則徐奏稱工員果悉機宜善揣溜勢則於工之將生未生預築挑壩使溜向外趨埽即可省一壩得力可護數段之工所省無算所奏不爲無見著吳邦慶於到任後實心實力講求利弊破除情面不可任聽工員致滋浮冒總期無枉費之工無妄開之費方爲不負委任

道光十二年諭吳邦慶奏籌議估抛碎石並酌改舊章一摺前因東河碎石工程遞年加增降旨交吳邦慶詳查核減茲據該河督查明豫東兩省濟黃各廳除歲購料無從增減外所有本年添辦防料共需銀十三萬六千兩著照所請改爲四成辦料六成辦石其無須貯石之廳六成銀兩歸併他廳辦石俟各廳存石二三千方即將每年專案請石逐漸核減該河督務嚴飭各廳此後發辦碎石無論爲專案爲六成統限伏汛以前全數堆貯該河督親往查驗應抛工段由該河督暨該管各道勘定後方准動用儻有遲延偷減並

撥用石方者據實參處毋稍姑容

道光十五年奉旨工部奏核議另案工程銀數不能核實請飭令該河督分析具奏並嚴定章程以杜浮冒一摺河工不外歲修另案及興舉大工三項除歲修工程銀有定額興舉大工事非常有均照舊不入比較外其另案工程銀無定額工無定處影射浮開及事後增添情弊不可不防是以向來辦理例案有興工之段落而後可以彙奏清單有清單之數目而後可以比較多寡茲據該部查核東河十四年分未奏清單先入比較之銀二十七萬三千餘兩前後數目不符奏報不遵例限已辦之工部中無案已動之帑估銷無期比較單內不過臚名節省其豫報浮數未奏清單及專案數目已出比較之外者更不難事後增添巧爲湊合且搶險防汛已完之工易於核計尤非懸估未辦者可比所有此次查出指明各款著該河督逐款分析速行具奏以憑查核嗣後每年彙奏清單務遵奏定限期無論奏咨各案彙爲一册其比較上三年之數原從清單而出毋庸分爲兩事致滋歧異著該河督附摺聲明比較另立一單具奏後飭部查核覆奏如有遺漏續報之案或藉詞延玩先入比較後補清單即照搶險工程估銷逾限著爲賠還之例不准開銷其

專案名目永遠革除以歸畫一而杜浮冒

道光十五年三月諭山東巡撫鍾祥河南巡撫桂良有人奏東河南北廳屬動用銀兩吳邦慶上年安瀾摺內稱各員撙節省錢糧埽工碎石兩項省銀三十餘萬兩而十月報銷摺內則云比十三年省銀十二萬餘兩其碎石留存可值十五萬兩前後所奏數目不符且碎石乃例應豫備之項今年仍應開銷不得謂之節省東河自道光元年至十年每年動用正項錢糧多至一百萬兩以內其用至百萬以外者不過三四年惟十一年搶辦險工用銀一百四十萬今吳邦慶任內十二年十三年十四年俱用至一百十萬兩以外較之十年以前有多無少是所謂撙節錢糧一語不過爲屬員升官考語按之實際仍屬子虛未免意存隱飾河工正項動支之外尚有找補不敷銀兩此三年中多找銀二三十萬兩即係多支銀兩之證等語該撫與吳邦慶駐紮不遠見聞必確著詳晰查明其錢糧撙節數目是否與原奏相符據實迅速具奏○按此係給事中金應麟參摺中動撥較多一款於五月經大學士文孚會同山東巡撫鍾祥查明報銷案內所稱省銀十二萬餘兩係專指節省埽工而言安瀾摺內所稱約省銀三十餘萬兩係將節省埽工並存賸碎石及

下年繼辦埽工合計而言前後牽湊錢糧尚無浮冒其保舉過濫一款未錄

道光十六年四月河東河道總督栗毓美奏稱竊照豫東黃河兩岸歷係以隄束水以埽護隄近年又以石護埽原無用磚之案上年秋間北岸原武兩汛串溝分溜刷成支河上下四十餘里沿隄節節喫重因係無工處所向未儲備料石維時放價收買民磚或用以拋墹挑溜或用以護坦防風隄身不致冲刷化險爲平本年二月因陽武三堡支河分爲兩股北股距隄較近設法堵禦亦係先用磚石築壩後用料土加戧得以挽歸南股工程極爲穩固然究係支河分溜恐磚塊形質較輕於大河未能得力茲又於黃沁廳攔黃埝接築壩工下南廳祥符上汛十九堡黑堽工迎溜喫重之處拋墹挑溜臣週歷兩岸查驗工料凡見有河水浸及隄根仿令試拋擁護即可不至生工免致廂埽引溜實已屢試屢驗頗有成效查豫東黃河大隄除蘭儀九堡與曹考十二堡對岸相距僅三四里其餘各廳自七八里至二三十里不等灘面極爲寬濶汛水既長落靡常溜勢亦提坐無定近年埽段愈廂愈多不免工繁費鉅此後隨處試辦少添新埽未始非節省經費之一端惟須定以價值庶可隨案報銷查例載河磚每塊寬五寸厚三寸三分長一尺二寸價銀二分

六釐四毫又大料河磚每塊寬七寸五分厚四寸一分長一尺二寸價銀四分九釐二毫八絲現在收買民磚大小厚薄不等每塊牽寬五寸厚二寸長一尺價銀六釐足抵河磚過半之用牽算每千塊可堆一方緣豫東碎石成規係照道路遠近按廳定價惟有距山最近之黃沁一廳每方銀五兩二錢七分一釐及五兩七錢九分六釐其餘各廳每方自六兩九錢九分六釐至十三兩二錢九分六釐不等今磚價合計每方需銀六兩較之碎石所省已多且碎石必須濟源鞏縣開山採辦春杪夏初始能運工磚塊則隨地隨時皆可收買毋庸分別遠近應請一律每塊作銀六釐合無仰懇俯准照數報銷以昭核實臣當通飭各廳量爲購貯以備工程緩急之需俟經伏秋大汛實可抵禦盛漲再於添料項下將料石磚三項酌定成數奏明分別購辦無須另請錢糧以歸節省

道光十七年諭栗毓美奏試辦磚工確有成効請豫提銀款先事籌辦一摺河南省黃沁各工收買民磚拋壩搶護化險爲平屢著成効該河督請撥銀兩先期籌辦著照所請准其於戊戌年春伏兩汛例撥備防銀三十萬兩內由河南藩庫豫提銀十萬兩分派各廳多添窰座先時燒造惟磚料體質堅緻迥異必須工堅料實方能經久該河督務當先期

飭知廳員認眞監造臨時該河督親往驗收儻有草率偷減等弊即行嚴參懲辦其所提銀款著與歲稭廂石統歸來年報銷

道光十七年諭敬徵栗毓美奏酌擬改辦碎石章程一摺東河試辦磚工現據敬徵查勘明確議請分別存貯暫停燒造自應以預辦碎石爲急務著照所請所有本年五月間奏准豫提戊戌年例撥防險銀十萬兩准其儘數改辦碎石其置窰燒磚即行停止並著酌定各廳用石多寡分派即時開採限於明年桃汛前先完一半伏汛前全數運工由該河督嚴實驗收指示拋辦儻有藉詞延緩限內運不足數者即行參處其例辦六成碎石仍照常於霜降後扣明添料存數再行發辦此後每年查勘情形酌覈增減於七月內奏明豫提銀數發廳備辦以期源源接濟工用不匱

道光十七年諭東南兩河每歲另案工程奏銷銀數曾降旨飭工部按照開報銷册逐款鉤稽開具簡明總數於年終彙奏一次該河督自應遵照辦理茲據該部查明東河原陽兩汛動用本款銀四萬四千三百八十八兩零未曾列入比較辦理殊未畫一嗣後無論動用何款著一律歸入比較其條隣防料如來年本工動用即行報部查覈毋得含混參

差以照覈實

道光十九年諭栗毓美奏預籌儲備工需以防串溝隱患一摺又另片奏磚工得力省費情形等語著照所請准其於北岸黃沁廳屬之馬營滎原兩隄南岸下南廳屬之祥符下汛陳留汛每廳各購磚五千方於情形險要之處酌量多寡分段堆貯備用凡所築土壩飭令工員用磚擇要包砌此項磚價先由道庫墊發俟於秋間奏請購石項下撥還歸款此外祥河曹考上南蘭儀各廳應先事豫防者仍著該河督隨時督率道廳妥爲辦理並於查驗工料時認真稽查如工員購磚不實即行嚴參著賠以重工需至用磚搶辦險工較廂埽更爲便捷且較石價多寡懸殊錢糧節省又所占河面無幾不至有與水爭地之處該河督既確有把握朕即責成辦理總期行之無弊方爲不負委任其應貯磚塊仍令向民間收買不必驗員設窰燒造之處亦著照所議辦理

道光十九年奏准河南省各廳縣捐銀一萬兩發商按月一分生息作爲武陟縣沁河兩岸隄工經費

道光十九年五月吏部工部會奏稱道光十九年二月二十日奉上諭本日據御史蔡家

玗覆奏河工賠項處分寬縱著吏部工部會同悉心核議具奏欽此欽遵抄出到部臣等查河工賠項名目本非一端有所用工料與原奏不符及與例浮多名爲核減者有領銀未辦或辦料未足名爲溢領者此外有堵築漫工准其銷六賠四謂之分賠有掛工之員已故責令子孫賠繳謂之代賠或上司代屬員賠繳謂之攤賠或貽誤情事較重奉旨著追謂之特旨嚴追之款情節既有重輕處分亦應有等差今該御史奏內稱工部舊例數百兩賠項逾限不完已有革職監追及查封家產之條今吏部所載十萬兩以上者其處分不過降調相去大相懸殊又稱河工賠項總以銀數之多寡爲處分之輕重若以官職之大小爲處分之輕重窒礙難行百弊叢生等語臣等查河工賠項若不按其情節概以銀數之多寡定處分之輕重核與緣情定例之義亦有未協即如工部則例內稱河工堵築漫口准其銷六賠四銀兩按作十成分派總河賠銀二成兼管之督撫賠銀一成河道賠銀二成廳員賠銀一成府州縣賠銀二成參遊守備賠銀一成半文武汛員賠銀半成等語在總河督撫或統轄全省或兼轄兩省無論何處漫口統責令總河督撫分賠其河道廳員以下等官必分別某處漫口方責令某處專管兼管之員分賠是總河督撫之分

賠不分畛域聽員之分賠則各分畛域情節既有不同處分不能不有區別至特旨嚴追之款係辦公貽誤情節較重雖較之核減等款尚無浮冒情事惟因辦理不善以致帑項虛糜究與分賠代賠攤賠者有間亦未便與分賠等款一律辦理以致輕重失當惟此等賠項工部舊例並無分限吏部舊例亦無處分即十三十四兩年所議統限分限處分亦與督撫尋常分賠等款無別臣等公同酌議凡特旨著追銀兩應從重另議專條其督撫尋常分賠等款應仍遵十三年欽奉諭旨遵行再議御史所奏吏部新定處分過於寬縱係專就銀數多寡督撫屬員處分應歸一轍而言向於各項賠款之情節及各項應完銀兩只有統限未有分限之處未爲詳悉今奉旨交臣等悉心核議自應酌核情節分晰名目始能歷久奉行以歸允當如盜領銀兩跡涉侵蝕前於十四年經工部奏交吏部議定照核減銀兩逾限不完亦議以革職監追又於十六年經工部奏明此等款項係領庫項入己與分賠代賠因公核減者尤屬有間請旨飭下河督查明以前此項未完銀兩其現任河工者立即追繳業已去任者即著落上司攤賠亦不得列入分賠以致懸宕各在案惟從前並未立有分限既不按限查催仍屬有名無實應請一體酌定限期其尋常分賠

代賠攤賠之款本員並無浮冒侵蝕情事若於核減浛領並歸一例亦不足昭持法之平自應將吏工兩部則例互相核對逐條分晰庶免轇轕查吏部則例河工核減與河工分賠銀兩分作二條核減銀兩逾限不完革職監追分賠銀兩逾限不完應行降調而工部則例河工應賠銀兩三百兩以上三百兩以下係合核減分賠兩項作爲一條逾限不完統係革職監追未免牽混且河工分賠銀兩未完吏部則例內稱照戶屬項下分賠代賠例議處皆有分限每限不完皆有應得處分如統限完不足數降一級調用而工部則例河員應賠銀兩只載統限並無分限吏部則例河員只有五千兩以上逾限不完處分至萬兩以上並無作何議處明文應照五千兩以上之案遞加處分始爲周備以上各款臣等悉心核議於吏部例內所未備者應行添入工部例內所牽混者應行叢出務使款目分明處分允當以期奉行無弊所有現擬各條另繕清單

特旨嚴追銀兩未完現擬銀數自一千兩以下起至十萬兩以上止限期至勒限一年起至十五年止處分自罰俸二年起至革職止

查特旨嚴追銀兩未完情節較重未便照尋常分賠等款之例議處酌定限期遞加處分謹擬特旨嚴追之款如數在一千兩以下之案於文到日起限一年完交初參不完罰俸

二年再限一年完交二參不完罰俸三年仍再限一年完交三參不完降二級留任另行起限仍令完納完日開復一千兩以上之案統作十分計算勒限四年分四限以一年爲一限每年能完至二分五釐者免其處分若完不及數初參罰俸二年二參罰俸三年三參降一級留任四年限滿能完至七分者將降留之案開復按其未完銀兩另作分數再行按年完納如不完及七分者四參降一級調用若完不及七分之半降二級調用五千兩以上之案統作十分計算勒限五年分四限以一年三個月爲一限每限能完至二分五釐者免其處分若完不及數初參罰俸二年二參降一級留任三參降二級留任五年限滿能完至七分者將降留之案開復按其未完銀兩另作分數再行按年完納如完不及七分者四參降二級調用若完不及七分之半降三級調用一萬兩以上之案統作十分計算勒限六年分四限以一年半爲一限每限能完至二分五釐者免其處分若完不及數初參降一級留任二參降二級留任三參降三級留任六年限滿能完至七分者將降留之案開復按其未完銀兩另作分數再行按年完納如完不及七分者四參降三級調用若完不及七分之半降四級調用五萬兩以上之案統作十分計算勒限十年分五

河南印刷局印

限以二年爲一限每限能完至二分者免其處分若完不及數初參降一級留任二參降二級留任三參降三級留任四參降四級留任十年限滿能完至七分者將降留之案開復按其未完銀兩另作分數再行按年完納如完不及七分者五參降四級調用若完不及七分之半降五級調用十萬兩以上之案統作十分計算勒限十五年分五限以三年爲一限每限能完至二分者免其處分若完不及數初參降二級留任二參降三級留任三參降四級留任四參降五級留任十五年限滿能完至七分者將降留之案開復按其未完銀兩另作分數再行按年完納如完不及七分者五參降五級調用俱另行起限仍令完納完日開復若完不及七分之半即行革職（俱公罪）仍勒限一年嚴追不得以家產盡絕率行咨部請免償仍延不完交即從嚴參辦奏明請旨如革職後如數全完係應員題請開復係督撫大員奏明請旨其子孫代賠如有未完亦照此辦理

河工核減銀兩未完（銀數在三百兩以下者統限一年勞六個月三百兩以上者統限二年俱分三限處分自停陞停補起至革職監追止）

查河工核減銀兩未完吏部則例係專指河工核減工部則例凡河工核減分賠等項同係一律查核減銀兩以工料與原奏不符及與例浮多情近浮冒是以定例綦嚴至分賠

代賠攤賠等款並無浮冒情事若與核減銀兩一律辦理不足以示區別應將工部則例內核減分賠等項字樣改爲核減應繳銀兩再查吏部則例再限不完降一級留任工部則例再限不完現任人員暫行解任効力人員暫革職銜應照工例改正謹擬河工核減應繳銀兩以奉到咨文之日起扣如數在三百兩以下者勒限六個月完交限滿不完及完不足數係現任人員停其陞調効力者停其補授再限六個月完交限內全完准其開復如再不完現任人員暫行解任効力人員暫革職銜再限六個月完交限內全完准其開復儻仍不完革職監追（公罪）仍令完納全完開復數在三百兩以上者勒限一年完交限滿不完及完不足數將該員罰俸一年（公罪）係現任人員停其陞調効力者停其補授再限六個月完交限內全完准其開復如再不完現任人員暫行解任効力人員暫革職銜再限六個月完交限內全完准其開復儻仍不完革職監追（公罪）仍令完納全完開復其該管道員催追不力如本員應停陞停補者道員罰俸六個月本員應解任暫革職銜者道員罰俸一年本員應革職者道員降一級留任三年無過開復（俱公罪）

河工盜領銀兩未完現擬（數在三百兩以下者統限半年三百兩以上者統限一年俱分三限應分自停陞停補起至革職監追止）

查河工溢領銀兩係領銀未辦或辦料未足前經吏部奏定照核減銀兩逾限不完亦議以革職監追惟此項銀兩未完較之核減尤重應照核減限期從嚴定議以昭慎重請嗣河工溢領銀兩（係辦料未足領銀易錢未交或領銀未辦各款）以奉到咨文之日起扣如數在三百兩以下者勒限三個月完交限滿不完及完不足數係現任人員停其陞調勠力者停其補授再限兩個月完交限內全完准其開復如再不完現任人員暫行解任勠力人員暫革職銜再限兩個月完交限內全完准其開復儻仍不完革職監追（公罪）仍令完納全完開復數在三百兩以上者勒限四個月完交限滿不完及完不足數將該員罰俸一年（公罪）係現任人員停其陞調勠力者停其補授再限四個月完交限內全完准其開復如再不完現任人員暫行解任勠力人員暫革職銜再限四月完交限內全完准其開復儻仍不完革職監追（公罪）仍令完納全完開復其該管道員催追不力如本員應停陞停補者道員罰俸六個月本員應解任革職銜者道員罰俸一年本員應革職者道員降一級留任三年無過開復（俱公罪）

河工溢領銀兩未交身故責令上司攤賠現擬（限數自三百兩以下至三百兩以上限期自勒限六個月起至二年半止酌分自罰俸一

（年起至降二級調用止）

查河工溢領銀兩未完離任者前經工部奏明此等款項係領庫項入己與分賠代賠核減者尤屬有間請旨飭下河督查明業已去任者即著落上司攤賠應請一併酌定限期嚴加處分謹擬河工溢領銀兩未交身故責令該管上司攤賠數在三百兩以下者限六個月完交初限不完罰俸一年再限一年完交二限不完降一級留任再限一年完交三限不完降一級調用（俱公罪）如數在三百兩以上者限六個月完交初限不完罰俸二年再限一年完交二限不完降二級留任再限一年完交三限不完降二級調用（俱公罪）若有級可抵不准其離任之員另行起限仍令完納完日開復

督撫總河尋常分賠等款銀兩未完（銀數自一千兩以下起至十萬兩以上止期限自勒限一年起至十五年止處分自罰俸九個月起至降二級調用止）

查道光十四年吏部按照工部奏定督撫總河應賠銀兩統限分限擬定處分自罰俸九個月起至降二級調用止奏准通行在案應請將督撫總河尋常分賠等款即遵照此例辦理至罰俸處分有輕重並未畫一之處應一律酌改謹擬督撫總河河工分賠（係銷々謹四之款）

代賠（係子孫代祖父賠繳之款）攤賠（係上司代屬員賠交之款）等項銀兩未完以奉到咨文之日起如數在一千兩以下之案於文到日起限一年完交初參不完罰俸九個月再限一年完交二參不完罰俸一年仍再限一年完交三參不完罰俸二年另行起限仍令完納一千兩以上之案統作十分計算勒限四年分四限以一年爲一限每年能完至二分五釐者免其處分若完不及數初參罰俸九個月二參罰俸一年三參罰俸二年四參降一級留任另行起限仍令完納完日開復五千兩以上之案統作十分計算勒限五年分五限以一年爲一限每年能完至二分者免其處分若完不及數初參罰俸九個月二參罰俸一年三參罰俸二年四參降一級留任五參降二級留任另行起限仍令完納完日開復一萬兩以上之案統作十分計算勒限六年分四限以一年半爲一限每限能完至二分五釐者免其處分若完不及數初參罰俸二年二參降一級留任三參降二級留任四參降三級留任另行起限仍令完納完日開復五萬兩以上之案統作十分計算勒限十年分五限以二年爲一限每限能完至二分者免其處分若完不及數初參罰俸二年二參降一級留任三參降二級留任四參降三級留任十年限滿能完至七分者將降留之案開復按其未完

銀兩另作分數再行按年完納如完不及七分者五叅降一級調用十萬兩以上之案統作十分計算勒限十五年分五限以三年爲一限每限能完至二分者免其處分若完不及數初叅降一級留任二叅降二級留任三叅降三級留任四叅降四級留任十五年限滿能完至七分者將降留之案開復按其未完銀兩另作分數再行按年完納如完不及七分者五叅降二級調用俱公罪俱勒限嚴追以上降調處分如係有級可抵不致離任之員另行起限仍令完納完日開復至子孫代祖父賠交之項如有未完無論其現在子孫官階之大小總以祖父係在何任內獲咎即照何例議處

河工屬員尋常分賠等款銀兩未完現擬銀數自一千兩以下起至十萬兩以上止限期自勒限一年起至十五年止處分自罰俸九個月起至降四級調用止

查河工屬員尋常分賠等款銀兩未完吏部則例河工賠項照戶屬項下分賠代賠例議處數在五千兩以上限期五年處分降一級調用而止與工部例內五千兩以上銀數限期胳合惟吏部則例立有分限工部則例並無分限吏部則例河工賠項專指分賠係照戶屬項下代賠等項而言工部則例又統指核減分賠代賠攤賠而言殊欠明晰擬將工

河南印刷局印

部則例核減二字刪去亦照吏部則例註明分限每限不完即行查參其一萬兩以上至十餘萬兩之案工部定有限期吏部原例並未議及亦應照五千兩以上逾限不完降調之例以次遞加至罰俸處分有輕重並未畫一之處應一律酌改議擬河工屬員分賠係六賠錐之數四代賠係子孫代賠父賠交之數等項銀兩未完數在一千兩以下之案於奉到咨文之日起限一年完交初參不完罰俸九個月再限一年完交二參不完罰俸一年仍再限一年完交三參不完降一級留任另行起限仍令完納完日開復一千兩以上之案統作十分計算勒限四年分四限以一年爲一限每年能完至二分五釐者免其處分若完不及數初參罰俸九個月二參罰俸一年三參罰俸二年四參降一級留任另行起限仍令完納完日開復五千兩以上之案統作十分計算勒限五年分五限以一年爲一限每年能完至二分者免其處分若完不及數初參罰俸九個月二參罰俸一年三參罰俸二年四參降一級留任五年限滿能完至七分者將降留之案開復按其未完銀兩另作分數再行按年完納如完不及七分者五參降一級調用一萬兩以上之案統作十分計算勒限六年分四限以一年半爲一限每限能完至一分五釐者免其處分若完不及數初參罰俸二年

二叅降一級留任三叅降二級留任六年限滿能完至七分者將降留之案開復按其未完銀兩另作分數再行按年完納如完不及七分者四叅降二級調用五萬兩以上之案統作十分計算勒限十年分五限以二年爲一限每限能完至二分者免其處分若完不及數初叅罰俸二年二叅降一級留任三叅降二級留任四叅降三級留任十年限滿能完至七分者將降留之案開復按其未完銀兩另作分數再行按年完納如完不及七分者五叅降三級調用十萬兩以上之案統作十分計算勒限十五年分五限以三年爲一限每限能完至二分者免其處分若完不及數初叅降一級留任二叅降二級留任三叅降三級留任四叅降四級留任十五年限滿能完至七分者將降留之案開復按其未完銀兩另作分數再行按年完納如完不及七分者五叅降四級調用俱係公罪 俱勒限嚴追以上降調處分如係有級可抵不致離任之員另行起限仍令完納完日開復至子孫代祖父賠繳之項如有未完無論其現在子孫官階之大小總以祖父係在何任內獲咎即照何例議處

道光二十一年諭朱襄奏各廳歲料請援案津貼一摺豫省各廳應辦歲料現因祥符與

辦大工時買較難例幫一價不敷自應酌加津貼著照所請所有本年下南一廳每觔酌加銀五毫距工最近之中河蘭儀衛糧下北五廳每觔酌加銀四毫次近之上南儀睢黃沁三廳每觔酌加銀三毫距工最遠之睢甯商虞曹考歸河四廳每觔酌加銀二毫計各廳應辦壬寅年歲料五千垛共加價銀八萬二千五百兩准其由司庫墊發統入祥符大工案內攤征歸款該河督等仍嚴飭各該廳趕緊購辦於桃汛前堆足報驗毋誤工需

道光二十三年七月中河廳九堡漫口欽差協辦大學士尚書敬徵等奏盤築裹頭估辦攔黃壩計長二百三十四丈共估土方一萬三千八百餘方需銀三千五百八十九兩零

道光二十三年七月欽差協辦大學士戶部尚書敬徵等奏稱臣敬徵臣何汝霖前於到工後查勘漫口情形寬深丈尺即約畧估計工需錢糧須在六百萬兩之內奏明在案仰蒙飭部預爲籌畫連次撥南河之款已足六百萬兩之數查歷來堵築決口必須相度河形繞越築壩以避口門寬深之勢又於大溜作灣之處上游築挑水壩下游開挖引河屆時啟放以便合龍前經臣等將築壩挑河事宜分派員弁逐項勘估嗣據估築壩工委員稟覆單開東西大壩及西挑水壩等項寬長丈尺計用稭料土方垛數及採辦穀草麻觔檾木根件共估需銀三百五十六萬四千五百三十六兩零而買辦竹纜光纜蒲包碎石雜料匠工俱不在內是以臣等復行揀員核實減估並親往工次詳細會勘悉心講求茲據該員等分晰款項造具丈尺錢糧清册呈遞前來臣等詳核估單併面詢一切據稱中河九堡地勢窪下土性沙鬆壩尾壩基須用淤土堅築方無他虞今擬就口門迤西畜有

順河埝一道作爲西壩尾因其土性業經墊實只須幫寬壩基修補土工較新築省費可期合用而東壩基自應對峙西壩其尾段土工宜接大隄生根今估長一千二百八十丈係就老灘取土較易其兩壩基各長五十丈頂寬三十丈高一丈四尺內塘相距除將涸嫩灘不計外應估水中築埽工長三百六十丈正壩埽寬十五丈上邊埽寬七丈下邊埽寬六丈上下夾土壩各寬一丈又估計挑水壩長二百九十餘丈壩基長三十丈頂寬十丈高一丈四尺埽工寬八丈長二百八十丈前項應用稭料土方穀草麻觔橛木按丈尺遠近淺深例價幫價核計共估銀三百二十萬四千三百十五兩零較初次估數已節省銀三十六萬二百二十兩零等語臣等查勘水勢詳核工需情形其稭料每垛估銀一百八十兩係照歷次成案本年豫省雖收穫豐盈而附近州縣多被淹冲購辦料物運費途長難以酌減惟減半單長之土工及運料上壩每丈每垛俱係牽算用數較多仍須核實復行駁減一二成者數款計銀七萬六千一百三十六兩零實估需銀三百十二萬八千一百七十九兩零又買辦竹纜光纜蒲包舊磚碎石雜料及匠工等項核實估計需銀二十三萬四千七百餘兩至挑挖引河工段綿長此次九堡漫口之後七月十四十五日上

游黃水驟長其時攔黃埝尚未築起漾入正河至將祥陳汛以上河槽復淤墊四五尺不等且堵合口門全在引河得勢加以寬深吸溜歸槽合龍較易今據勘估引河長河委員先後造具工段丈尺錢糧清册前來臣等按勘過河頭及委司員等查過引河情形核實減估除留引河頭五十丈俟開放時再行搶辦又逐段清水塘俟試放時察看搶挑外計自頭段引河起至閻河地方止估挑引河七十九段長二千二百四十三丈五尺口寬自六十二丈四尺至十九丈八尺底寬自五十丈至十五丈深自三丈一尺至一丈二尺不等又接前工閻河下首起至下北廳祥陳汛三堡止估挑引河五十一段長六千七百三丈口寬自二十二丈四尺至十九丈底寬自十八丈至十五丈深一丈一尺至牽深一丈不等共計引河一百三十段長八千九百四十六丈五尺共估土二百六十九萬三千三百十一方二分五釐需銀一百十八萬四百四十二兩零其祥陳三堡迤下至江南交界計隄長三百五十餘里河身灣曲兩段亦有水塘淤墊情形自七八尺至一二尺不等較之上游受淤雖淺而工段過長若全估引河所費甚鉅應令逐段接挑通暢分別溝工溝綫以期節省計估需銀三十五萬兩至搶挑河頭西口應寬七十二丈四尺底寬六十丈

深三丈一尺及疏濬水塘上下等工估需銀二十萬兩留爲屆時搶辦以上挑河三項共實估銀一百七十三萬四百四十二兩零再查向遇大工大壩後身估築二壩以資擎托今估大壩已寬至三十丈可以減去二壩之料俾工員不致彼此推諉況查祥工未估二壩並非創減俟將來合龍後照祥工成案即行接築圈埝以爲重門保障惟金門外積水深廣取土不易尚須填墊窪形計估圈埝土工長一千一百六十丈頂寬四丈底寬九丈高灘面一丈需銀八萬八千七百二十一兩零以上築壩挑河購辦正雜料物及匠夫等工通共實估需銀五百十八萬二千四十二兩零比較祥工用數實有節省惟是興工在邇購辦料物必須妥實合用勿任虛糜應請飭下督工大臣嚴查築壩料物革除挑河弊端挑出之土距隄較近者即令加培大隄較遠者必須遵照成例運至引河口面三十丈之外以杜含混再此次估定之數與現撥之款計尚有餘銀八十一萬七千九百五十七兩零查奏銀款內有應徵地丁約徵關稅之銀并江西福建稍遠省分誠恐未能即時解工更慮南河有留用之項而籌款寬餘不難以先收之項隨時發即用可指日興堵無停工待餉之虞將來儘數批解後所有前項餘銀應即報部查核其合龍善後事宜補還大

隄等工亦可無須請帑即在餘存銀內奏明動支再餘銀兩報部撥用至辦理大工各款內價例不一有此贏彼絀之處亦惟於估定銀兩內截長補短變通辦理總當嚴飭工員節省浮費不得任意虛報多請開銷以重帑項而昭核實

道光二十三年七月敬徵等片奏稱查現經戶部奏准各省支發銀兩內有應行扣平之項均按庫平每兩扣平六分解部此次興築中河口門與別項工程不同查歷屆大工成案如僱用捆埽拖縴船隻兩壩䭾運車騾添設遞文夫馬搭蓋物料棚廠發給彈壓兵弁及書役飯錢燈燭紙張等項用款繁多向俱不准作正開銷均由撥款項下扣平支用現在各省續撥款項若照二兩平撥解則一切用項無款可籌倘再議扣平恐買辦料物價必短絀於工作殊有關礙應請飭下戶部迅速行文各省所有應行撥解河南藩庫工需銀兩仍照舊章毋庸扣平以濟工需而節正項

道光二十三年七月諭敬徵等奏會勘估築中河漫口估計壩工挑河銀數一摺此次堵築漫口經敬徵等核實查勘所有築壩挑河購辦正雜料物及匠夫等工通共實估需銀五百十八萬二千四十二兩零著各該省督撫將撥解東河銀款迅速委員解往以濟工

用惟與工購料必須妥實合用庶不虛糜帑項著廖鴻荃鍾祥嚴查逐壩料物革除挑河弊端認眞督辦力求撙節並嚴飭工員等實用實銷不准絲毫冒濫至現在估定之數與現撥之款計尚餘銀八十一萬七千九百五十七兩零俟儘數解工後仍報部查核毋稍含混又片奏戶部奏准各省支發銀兩內有應行扣平之項此次興築中河口門與別項工程不同請仍照舊章毋庸扣平等語著通飭各省將應行撥解河南藩庫工需銀兩毋庸扣平餘著照所議辦理

道光二十三年閏七月諭御史陳墳奏大工向係招商採買間因近地旱荒酌派外州縣協濟該州縣藉端滋擾或按畝科派或擇戶捐攤或封禁民柴或勒派車輛弊端百出易於激成事端本年黃河兩岸大秋茂盛除被冲決處所外其餘均已登場即偶被雨水而稭料不損一二百里之內足用有餘等語鄰近辦料既須發給價銀本地既經足用自以招商採買爲正著廖鴻荃鍾祥於到工後會同鄂順安體察情形如何禁絕土棍把持委員需索之處即著悉心妥議務於國計民生兩有裨益方爲盡善

道光二十三年閏七月諭敬徵等奏豫省情形既准暫開捐輸以兼開豫工二卯事例

一摺見在籌款興工之際自應分別緩急各官生等就近於河南捐輸可期踴躍著仍照戶部原議於東河暫開捐輸並准各省官紳士庶前往具呈輸忱自効以濟工用所有該尚書等前請移開豫工二卯事例之處著毋庸議

道光二十三年八月敬徵等奏會同核議御史李恩慶奏 河工經費宜從變通製造紙鈔招募商民交錢給鈔疏曰㑹該御史原奏內稱河南興辦大工所撥款項皆係銀兩而工次一切用錢現當被水之後錢重難致鋪戶因而居奇迨大工一興應用尤鉅向來每值工興之際紋銀一兩易錢不及一千文較諸平時市價幾至減半是撥銀百萬祇抵數十萬之用於帑項所損匪細查元明以來錢鈔並行其法至便擬請暫行倣照其法如現在籌撥銀六百萬照市價折成制錢九百萬串製造紙鈔鈐蓋部印編號上寫實收東河工餉制錢若干或百串爲一張或數百串爲一張發交工次出示招募商民交錢給鈔准其於現在捐例或赴京或在本省藩庫上兌每百五十串作銀百兩免其庫收加平等項以作運脚之費竊料河南富戶或自行上捐或稱貸他人必肯踴躍交易此鈔一經收回便可銷燬亦不致日久弊生至工需銀兩雖照舊籌撥旣有現錢臨時變通應用自無申崎

輕畸重爲商賈居奇之地等語臣等伏查楮幣之法本於唐之飛券蓋執券以取錢而非以券爲錢也至宋元明始有交子會子寶鈔之制取方尺之紙印文其上自一貫至百千貫以代現錢之用宋臣張詠鎭蜀蜀人以鐵錢過重私相爲券後遂置交子務旋置旋罷前明洪武時鈔法通行其後以鈔之不利而並錢禁之奸僞雜出獄訟繁多不過數年其法寖壞此前代行鈔之大略也今該御史因堵築九堡漫口工用浩繁奏請製造紙鈔鈴蓋部印發交工次招募商民交錢給鈔准其於現在捐例以鈔上兌併稱一經收回便可銷燬以杜流弊原係利用變通一時權宜之計惟查辦理大工銀錢并用採辦物料均可合銀給發以期便捷匠夫工食隨時易錢散放以免堆積茲當工程伊始布置正須及時若待部頒印鈔招募商民交錢應用實有緩不濟急之勢且事涉創辦令難通行溯查歷屆大工俱需銀數百萬兩錢價之貴賤亦無一定即如祥工初開工時每銀一兩易錢不足千文而後來亦有換至一千三百文者是所稱較平時市價幾至減半亦不盡然況以銀錢輕重計之大相懸殊運錢百串之資即爲搬銀千兩之費而轉令交錢到工持鈔上庫每百五十串作銀百兩再加運脚夫工折耗既多商民未必樂從若謂近來錢多於銀

而直省停鑄有年豈有制錢獨能增益查豫省上年漫口省會城垣貢院等工所費不貲均係士民捐資辦理現在元氣未復而瀕河州縣本年又被淹冲恐商民之力亦有不給且前已奏准捐輸該省如有就近捐錢者仍可歸入捐項一體請給議叙撥歸工用至直省捐生或來豫捐輸或赴京上兌豈肯易錢投交工次徒費用章臣等悉心籌商竊以窮變通久之義原貴因時制宜鈔法行之於平日或可權衡輕重冀其流通若用之以濟急需恐商民終成觀望徒資此舉該御史所奏工次暫行交錢易鈔報捐之處應毋庸議奉上諭該御史所奏著無庸議至現當興辦大工以銀易錢儻經市儈從中把持任意掯減恐經費益形折耗著慶鴻荼鏞祥鄂順安嚴密訪查務令市價均平祭項均歸實用方爲有濟

道光二十三年九月慶鴻荼鏞祥奏查明排㮡牌桶積弊擬辦理章程疏曰接奉廷寄給事中韓椿摺一件奉旨交慶鴻荼會同鏞祥查辦欽此臣等查原奏內稱東河歷來辦工兩壩設立排㮡發給脚價每一㮡派一員管理每日約發制錢一百餘千排㮡委員往往從中偷漏每串官役人等代爲進歸私寓分肥大工需日甚久以每日每㮡發項計之不

河南印刷局印

下百餘萬兩以每日每桌侵蝕之錢計之亦不下數十萬兩現在漫口將次興工如何革除積弊之處轄即由該督悉心籌議妥議章程具奏辦理等語臣等於到工後遵即詳查排桌一項為散給夫價而設緣兩壩進占工程吃緊之際所需土料須用人夫往來跑運而人夫腳價均須開發現錢跑土夫錢向委佐雜跑料夫錢向委外委排桌分別率領跟役兵丁給發其給錢之法皆用排桶編列字號每桌各二個輪流赴局支領滿貯散錢零星發付發完方准再支並另委員稽查不許分文夾帶立法本為周密然管理排桶之員弁賢愚不一難保不任聽跟役兵丁偷漏錢文有暗藏口袋乘間抓錢裝入者有勾串親朋藉撿土料為名混雜其中將所偷錢文代為帶出者有串通鋪戶運錢易銀者有土料本少而過商同夥竊之人則給錢轉多留為俵分地步者在該員弁等或明知其弊而佯為不覺藉償奔走之勞甚者暗與分肥恃為腹心之寄因而輪夫衙役一切在官人等藉口捉弊要挾訛索硬取錢文凡此弊端難以枚舉但防弊之法必究其弊之所由生臣等復細加訪察蓋因佐雜平時所用跟役不過一二三人一經派司排桶非偏用八九人不敷照料勢必臨時添僱該員每日例給薪水祗銀一兩二錢為數無幾既不足以養贍多

人而差事又極辛苦其樂於受僱者大抵皆利有偷錢之一術至外委例帶兵丁向有定額者輩素相爲伍既無名分之相臨惟利是圖安必清廉之共凜其偷錢之弊更甚於佐雜之跟役臣等公同商酌欲養其廉恥必先加給以薪銀欲禁其貪婪必先嚴定其賞罰查向來買土佐雜多用從九品未入流今擬用縣丞主簿等官除薪水銀兩照常發給外每員每日加給銀八錢其跟役定以八人每日每人給銀二錢五分計佐雜一員並所僱人每日共給銀四兩運料委員向多用額外記名外委今擬參用把總及經制外委舊例每日給額外外委飯錢二百五十文記名外委飯錢二百文兵丁飯錢一百五十文擬將每日每項加倍發給以職分大小分別飯錢多寡俾免缺乏所領銀錢均由總局逐日支發並嚴諭該員弁等約束跟役兵丁不得再沿陋習如果潔已奉公辦理妥協工完之後文員則存記獎勵武職則酌量賞拔倘或仍蹈前轍即將該員弁從嚴參辦其跟役兵丁一併枷責斥革如此賞罰並行庶任事者有所勸懲於工程經費均有裨益至分派員弁已責成掌壩官慎爲選擇另委公正廳縣切實稽查如仍察有弊端該掌壩官與稽查官併予參處臣等亦親自常川到壩巡察務期力除積習以重工需奉上諭該文武員弁跟

河南印刷局印

役兵丁等加給薪銀原所以養其廉恥第恐議加之後積弊仍未能盡除稽查仍視爲具文是經費之支發徒增而官役之侵漁如故於核實整頓之道尚未能確有把握著廖鴻荃鍾祥鄂順安悉心籌畫再行妥議具奏

道光二十三年九月廖鴻荃鍾祥鄂順安奏敬徵等估册內開東西兩壩需用稭料九千七百六十六垛四分挑水壩需用稭料一千三百九十五垛二分每垛按照祥工給銀一百八十兩雜料除穀草檾木蘇纜磚石外以麻爲大宗册估需麻一千二百萬斤每斤價銀四分

道光二十三年九月廖鴻荃等奏妥議牌桶章程疏曰臣等查牌桶發錢時既迫促人復煩多且與負土抗料之夫肩摩背接差事極爲猥瑣計兩壩及挑水壩牌桶佐雜須用三十員武弁亦須三十名其所帶跟役兵丁太少又不敷用前議將佐雜每員需帶跟役八名共日給薪銀四兩每日計共應給銀一百二十兩武弁每名帶兵丁八名共日給飯錢二千九百文折銀二兩一錢四分八釐每日共應給銀六十四兩四錢四分自進占以至合龍以八十日計之兩項共應給銀一萬四千七百餘兩然除常例本應發給銀數外實

共加給銀九千二百九十餘兩遵復公同熟商此次管理牌桶先期責成掌壩官慎選廉幹員弁出具保結開單呈核其所帶跟役兵丁一併造具清册上壩之時逐名查點並令同穿號衣書寫牌桶字樣於人夫稠雜之中易於分別如在壩往來頻數或與閑人交頭接耳或胸前高聳或衣袖沈重形跡稍有可疑不難登時搜檢查有弊竇立即嚴懲以警其餘所發牌桶亦大書某員弁姓名領錢散錢著掌壩稽查各員分投查驗至買土筐分大小每易爲奸今擬概用大筐價歸一律嚴禁小筐夾底凸心等弊責成稽查官抽查簽試有犯必懲抗料夫則每人以十束爲率每束以六觔爲率毋許以小束搪塞致價有參差發錢之人得以上下其手以每日所運之多寡計用錢之虛實似此層層防範偷漏之習或可革除等語奉上諭著照議責成麟魁等督飭掌壩等官隨時認眞嚴查仍不時親往督視以期掃除積弊毋得視爲具文稍有疏懈

道光二十三年議准豫省各廳購辦甲辰年歲料因中牟興舉大工購辦較難中河廳每觔加銀五毫上南下南衛糧三廳每觔加銀四毫黃沁祥河下北蘭儀四廳每觔加銀三毫曹考儀睢睢甯商虞歸河五廳每觔加銀二毫歸入中牟大工攤徵歸款

道光二十四年二月麟魁廖鴻荃鍾祥鄂順安會奏稱奉上諭麟魁等奏蟄失埽占自請治罪當經降旨將麟魁等分别懲處現既仍令督辦若能相機廂築仍獲蕆功尚可量加寬貸即或情形險要一時未克施功亦當將已成埽占擇要加廂守護現在如何修守新工如何保守料物是否趕辦濟用原估銀兩之外計添銀一百餘萬現存何處此時添給銀兩究竟合龍有無把握着體察情形酌量緩急迅即據實具奏等因欽此竊中牟大工埽占蟄失後種種棘手臣等已將萬難補築情形縷晰陳明請援照成案暫行緩辦於二月十八日具奏在案原估壩工係長三百六十丈嗣因土性沙鬆經臣等奏明繞越廂做計截至二月初七日止兩壩已共做成四百二十餘丈較原估增長六十餘丈丈尺增則工料益增且所增之工俱係深水廂進需費更繁統查此次工需奉撥各省關解到餉銀五百一十九萬九千餘兩京餉銀一百五十萬兩又各員捐交麻檄價銀三萬四千兩又借提開封府屬較當生息本銀九萬六千九百二十兩又收工員繳回買料節省銀二萬一千八百四十兩又收捐輸銀四千兩以上共收兩六百八十五萬五千七百餘兩又撥捐輸錢四十六萬千文除發還墊辦盤築東西兩壩頭銀十二萬二千餘兩撥黄壩銀三千

六百餘兩係前任承辦工程應劃開不計外計臣等到工後實收到銀六百七十三萬餘兩錢四十六萬千文內除照原估銀五百一十八萬二千餘兩又經奏明添估引河銀十一萬二千餘兩又因料物不敷應用於十二月十七日奏明添辦稭料二千餘垛麻八百餘萬斤檾纜亦量爲增添又於正月十七日奏明於上次請添稭麻之外另爲酌量添購計續又添辦稭二千六百餘垛麻三百五十萬觔連添辦碎石檾纜及廂埽夫工又西壩接長土工一百丈並添築撐壩及挑水壩加築土戧引河頭新築攔黃壩等工俱係續添之款共又用銀一百五十八萬七千八百餘兩錢四十三萬餘千文內除剩存各項料物按價核銀二十二萬五百餘兩堪以作抵又現存銀六萬餘兩錢二萬八千餘千統計臣等所辦各工除動用捐輸錢文外實共用去正項銀六百四十四萬餘兩此外例扣市平部飯銀兩亦經動用無存又兩壩澆築後戧工程係應歸善後案內估報先於存款內墊支廷辦此大工存用各項之實在情形也 分見工程門

道光二十四年二月豫本日已明降諭旨將牛鑑釋放發往河南交鄂順安差委矣該革員前在河南巡撫任內頗得民心該省民情純樸上年興築省城捐輸踴躍並未動支帑

河南印刷局印

項甚屬好義急公此次中牟大工將次合龍忽遭風暴連蟄五占需用浩繁應如何設法籌辦之處牛鑑素爲該省士民所悅服經朕特加恩宥自當倍加黽勉實力妥籌以紓國計而蘇民困著俟牛鑑到省後即將此旨發給閱看將此諭令鄂順安知之

道光二十四年七月鄂順安奏預籌中牟壩工現在勘估情形並約須銀數疏曰

竊照中牟大工本年春間埽占蟄失之後當因種種棘手奏准暫行緩辦在案惟口門一日不堵則下游三省災黎一日不安現在時逾立秋一切亟應預爲籌計俾大工早日興舉一氣告成惟該處土係純沙易於淘刷籌辦必須詳慎先經札飭開歸河北二道帶同熟諳工程文武員弁前往確切履勘撙節估計去後茲據禀稱大工堵築須俟霜清刻下秋汛甫交河勢未定原難預先揣擬適中其機惟興工以料物爲先辦料以及時爲貴且非估工無以知料數又非籌款無以備工需轉瞬新料即可登場應就現在情形先行勘估以便預請錢糧方免遲誤查該工河勢現於北首坐灣折而南向直由口門下注較前稍有變更查向來堵築漫口原宜擇老灘淤土處所築做壩工庶進占較有把握無如此次大工決口以外隨地純沙是以金門收窄水勢刷深至十丈餘尺而舍此並無另立壩

基之處且入壩原做長四百二十餘丈除量爲拆展外計東西仍存舊壩共二百餘丈就此繞越補築亦不過二百數十丈自較另行創築節省實多似以守舊爲是第金門原處前已刷有深塘不宜再於舊處堵合應由西壩迎向上水多進數占跟拋碎石蓋護舊金門而過東壩較前退後五十丈築做門占則堵合既可措手河勢亦能逼向東趨於引河更多裨益惟該工土性沙鬆即將金門向東圈移迫兩壩收窄水勢高下懸殊奔騰逼注必致逾刷逾深壩工仍虞喫重上冬曾由總局議請添築二壩祗因錢糧增重未經准行此時亟應估辦以資擎托擬於東西裴頭之北設立二壩壩基約圈築長八百餘丈兩灘仍用土築以期節省中間水面一律進占照依成法正壩寬五丈上邊埽寬三丈下水邊埽無須兩做俾歸撙節至引河頭現有灘面橫亘不能得勢挑壩亦不著力然大壩既就舊基河頭亦難遠徙今酌中定擬將河頭再向北首挪展數十丈以現在北脣作爲南脣並於下脣添築兜水壩擎托其挑水壩埽工原長二百八十丈現經大汛間有刷塌應於原長之外接長一百丈多用碎石逐占拋護俾挑溜益臻得力惟引河原估頭段挑深三丈一尺因大壩金門前曾刷深至十丈以外以致上游河身掣刷落底較上年加深丈餘

河南印刷局印

引河底現形高仰除河頭另行挑展外迤下長河均須展寬加深庶得建瓴之勢以上各工約計估需銀六百三十餘萬兩並聲明將來河勢儻有變遷工程互有增減則錢糧自因之損益等情前來臣等復親往逐細確勘與所稟情形相同第所估銀數尚多當此籌款維艱之候自應力求撙節而形勢既尚未定又不便懸揣駁減致有藉詞惟念堵口以集料爲先集料以錢糧爲要指日新料登場必須預先購辦以免臨時居奇且引河溝工溝綫亦須展寬加深自下而上逐節挑挖試放清水遇有梗阻隨時收拾庶放河可得建瓴之益亟應赶早派員挑辦而一經集夫興挑亦須款項應手臣等亟知錢糧重大務須慎之又慎惟既不敢稍任浮估又不敢短減貽誤再四審度連日籌酌惟有仰懇勅部先於附近河南藩關各庫籌撥銀四百五十萬兩解工備用仍俟霜清水落勘定形勢確核估計實需銀數再當切實陳奏斷不任稍有浮估以重帑項

道光二十四年七月諭鍾祥等奏遵旨密籌中牟大工勢難緩辦一摺據稱體察現在情形通盤籌畫勢難緩辦者有四自應赶緊修築現在時交白露河勢不致大有變遷所有挑河築壩購料各事宜著即尅日興舉前所請餉銀四百五十萬兩業經戶部如數籌撥

定可源源解工著即將此項撙節勤支核實稽查斷不准辦料辦工之員稍有浮冒鍾祥鄂順安辦理大工責無旁貸惟當相度機宜實心經理於慎重之中力求妥速罔不可草率從事尤不可遷延玩泄坐失事機是爲至要

道光二十四年九月鍾祥鄂順安奏稱竊臣等接准部咨道光二十四年三月十七日奉

上諭上年中牟漫口特派麟魁廖鴻荃會同鍾祥鄂順安督率道將廳營辦理大工宜如何激發天良妥籌速辦乃毫無把握將次合龍之際被風蟄失五占以致水勢日增挽回無術將來續舉大工勢必多糜帑項辦理不善咎無可辭應如何分別罰賠之處著工部查議具奏等因欽此當稱部臣查河工防守不力致被沖決者例准銷六賠四東河向作九成分賠今已革尚書麟魁廖鴻荃等辦理中牟大工未能赶緊堵築將次合龍之際被風蟄失五占多糜帑項自應欽遵諭旨罰令分賠惟檢查並無欽差大臣分賠成案擬請比照銷六賠四九成分賠之例辦理所有應賠銀兩劃作十成著令已革尚書麟魁廖鴻荃分賠一成臣鍾祥分賠二成臣鄂順安分賠一成承辦埽壩之廳營等共分賠六成以示懲儆此次工段銀數尚未據造報到部無憑核算應令迅將各員應賠分數照例查明

河南印刷局印

先行奏報等因具奏奉旨此次麟魁等督辦中牟大工未能堵合其應行罰賠銀兩著麟魁廖鴻荃各賠一成鍾祥分賠二成鄂順安分賠一成承辦埽壩之廳營等共分賠五成所有工段銀數著該河督等迅即查明奏報欽此移咨到臣臣等當即欽遵飭行該管開歸道遵照部議查明蟄失埽占工段丈尺確核各員應行分賠銀數具詳去後茲據該道詳稱中牟壩工原估正壩及上下邊埽並夾土壩共寬三十丈兩壩同時進占屑土屑柴如法廂做嗣因水勢刷深節次加廂均蒙隨時陳奏在案迨二月初七日東壩上邊埽三十七占埽眼被浪衝刷過水橫串夾土壩前及正壩門占翻花不止適値黃水陡長風浪洶湧人力難施致將三十八占門占並三十六七占掣走初九日續蟄去三十四五兩占共計蟄失五占共長二十五丈六尺按照刷深水勢實在丈尺及彼時較量各埽實高水面四丈五尺核計其所用料物俱照祥工定價楷每觔例加價銀三釐六毫麻每觔例加價銀四分土每方例加價銀三錢餘俱照例開報統計共用工料例加價銀三十八萬四千六十七兩零內除加價銀二十五萬四千八百五十一兩零照東河向例攤徵歸款外所有例加價銀十二萬九千二百十五兩零遵照部議內分銷六銀七萬七千五百二十

九兩零另行作正造報其賠四銀五萬一千六百八十六兩零按照十成分賠繕具分賠銀數職名清摺呈請具奏前來臣等覆査無異謹將墊失埽占丈尺並各員應行照例罰賠銀數核繕清單恭呈

請單

中牟大工東壩三十四占至三十八占共長二十五丈六尺正壩埽工寬十五丈上水邊埽寬七丈夾土壩寬一丈下水邊埽寬六丈夾土壩寬一丈共寬三十丈入水六丈九尺九丈三尺十丈五尺不等上面背律加廂高四丈五尺共用料物夫工銀三十八萬四千六十七兩五錢一分六釐內加價銀二十五萬四千八百五十一兩七錢一分一釐照例攤徵歸款例價銀十二萬九千二百一十五兩八錢五釐遵照部議內除銷六銀七萬七千五百二十九兩四錢八分三釐作正開報外計賠四銀五萬一千六百八十六兩三錢二分二釐作十成分賠每成應賠銀五千一百六十八兩六錢三分二釐二毫　欽差前禮部尚書麟魁分賠一成銀五千一百六十八兩六錢三分二釐二毫　欽差前工部尚書廖鴻荃分賠一成銀五千一百六十八兩六錢三分二釐二毫　河東河道總督鍾祥

分賠二成銀一萬三百三十七兩二錢六分四釐四毫　河南巡撫鄂順安分賠一成銀五千一百六十八兩六錢三分二釐二毫　掌壩文員分賠三成半銀一萬八千九十兩二錢一分二釐七毫內前蘭儀同知張承恩分賠銀四千五百二十二兩五錢五分三釐一毫七絲五忽前下南同知賴安分賠銀四千五百二十二兩五錢五分三釐一毫七絲五忽前下北同知徐敬山分賠銀四千五百二十二兩五錢五分三釐一毫七絲五忽前中河通王廣恕分賠銀四千五百二十二兩五錢五分三釐一毫七絲五忽　掌壩武弁分賠一成半銀七千七百五十二兩九錢四分八釐三毫內前儀睢協備吳懷恩分賠銀一千五百五十兩五錢八分九釐六毫六絲前蘭儀都司邱廣玉分賠銀一千五百五十兩五錢八分九釐六毫六絲前江南桃北營守備周宜分賠銀一千五百五十兩五錢八分九釐六毫六絲前下南協備張奇亮分賠銀一千五百五十兩五錢八分九釐六毫六絲前曹河協備楊愰理分賠銀一千五百五十兩五錢八分九釐六毫六絲

道光二十六年十月諭銀貴病民所關匪細必應力求變通其尤甚者河工人員但知用銀甚便總以搭錢爲難即謂歲修工程及預購稭料土方等項責令以錢搭放恐致貽誤

要工此外俸廉盤費書吏倉役並雜交等款何難量予搭放仍著各該河督按照前項名目悉心核議每年實可用錢若干分晰奏覆毋得固執成見仍以窒礙難行一奏了事尋河東河道總督鍾祥奏東河並無盤費一款請仍照舊章辦理惟土工有用錢成案嗣後請以錢三成搭放計每年估修土工以三十五萬兩爲率可搭用錢十五萬串以制錢一千五百文作銀一兩下部知之

道光二十八年十一月諭河工浮冒之弊人所共知本年已明降諭旨著戶部存記除例應發給銀兩外絲毫不准再撥自當懍遵計每年所撥銀兩儘力節浮費儘數辦工如果該廳等於例領正價之外並未絲毫糜帑三汛之後准該河督優加保舉嗣後河督處分仍照舊例分別漫口罰俸決口降留辦理毋庸離任其失事專汛廳弁從重治罪以專責成而杜挾制並酌添東河總督養廉共發給銀一萬兩優與正所以杜其濫取各廳員冗缺甚多著河南巡撫會同該河督酌議裁撤

道光三十年五月諭河務修防動款甚鉅近來銀價增昂工料多係以錢折算爲數本有盈餘尤應力求撙節南河工用疊經嚴飭不准絲毫濫支東河事同一律著該河督飭屬

一體撙節辦理

咸豐四年正月王履謙奏河工錢糧東河每年不下一百四五十萬兩實在辦工不及十分之六等語諭長臻詳細查明應如何革除浮費俾錢糧皆歸實用妥定章程具奏

咸豐五年六月因蘭陽三堡漫溢諭暫開捐例設立捐局無論銀錢米麥及土方秸料皆准報捐辦公需用錢即可勸諭民間捐輸飭勸設局鼓鑄以資支發

咸豐五年七月諭昨因蘭陽汛三堡漫溢諭令李鈞等赶緊堵合設法協濟并諭令桂良英桂崇恩查明被水災黎妥爲撫邺因思河工漫口向來暫開捐例以濟要工現在軍務未竣各省捐輸迄未停止而部庫支絀亦無從籌撥朕夙夜焦勞念及小民蕩析離居難安寢饋該河督等具有天良於堵築漫口撫邺災民一切事宜更應早爲籌及斷不能以無款可籌遂至束手無策著李鈞與英桂崇恩悉心妥議於河南山東兩省設立捐局無論銀錢米麥及土方秸料皆准報捐米麥可備賑需土稭可供工用仍核計所捐之數奏請獎勵並著遴委妥員分路勸諭紳商捐辦口糧接濟災民此外所屬各州縣如有可撥之倉穀亦可酌量動用總期被水災民不至流離失所方爲妥善至辦工需用錢文即可

勸諭民間捐輸銅觔設局鼓鑄以資支發

咸豐五年七月河南巡撫英桂奏現値秋水盛漲漫口處所亟須盤做裹頭以免再行刷寬前經蔣啟敭等趕緊廂護緣料物不齊且河水陡長隨廂隨塌東西兩壩相距已有一百七十餘丈而司庫支絀一時無款可籌正深焦灼旋准河督臣李鈞來咨擬節估計約需銀三萬餘兩已倡率各屬捐銀一萬五千兩其餘由蔣啟敭及失事各員王緒昆等先後賠繳即日購料接續前工剋期趕辦

咸豐五年十月諭近年以來軍務河工民生重困朕不惜竭租發帑加惠黎元猶恐苛累之條蠲除未盡因念河南省有河工加價一款每年應征銀四十餘萬兩係從前馬營儀封滎沁等工用過土方各項加價在於地糧內按限攤征之款與錢漕正項本屬不同三十餘年積欠纍纍該省賦額甲於天下連年兵燹水災差役繁重而正供之外復有此項攤征朕軫念閭閻豈忍令其久爲民累所有此項河南省每年應征河工加價等銀著自本年爲始加恩豁免永不攤征俾小民得以專完正課如有本年已征在官者著該撫查明抵作今年正賦

河南印刷局印

咸豐七年奏准衡決隄工如係上年原塌處所除隄工照例賠修四成外其餘挑壩引河等工統令賠修四成

咸豐八年正月軍機大臣彭蘊章等會同戶部議奏東河鈔票酌改錢鈔成數得旨依議河工撥款既加實銀一成自應撙節支放究其本惟在地方官實收民鈔一面開設官號認眞辦理則河工放款或可稍增成數不致折耗過甚

咸豐十年議准河南省蘭儀以下乾河招墾舊河灘地分別等第征收錢漕另立灘租款目每歲經徵完欠職名造册送部具題考核

同治二年五月署河東河道總督譚廷襄奏稱竊照豫東黃河自咸豐五年由蘭陽北岸旁趨後下游乾河工程停辦而上游有河七廳隄段延長埽壩林立均屬最爲險要藉天塹以衛民生修守所關至爲重大嗣因司庫支絀未能照舊撥發經費始則搭用官票繼則搭用寶鈔迨因鈔價過賤不敷購料幾致貽誤工程遂定爲三成現銀三成半局鈔三成半生鈔除生鈔所值無幾外其局鈔係由錢糧搭收撥給河工按局鈔一千五百文抵銀一兩每局鈔一千取銀五錢核計每兩可得現銀七錢五分廳員辦工每百兩以三成

現銀三成半局鈔計算俟止實銀五十六兩二錢五分報銷則連生鈔統計在內徒有虛數並非全濟實用臣於上秋在山東巡撫任內兼署河篆查明文卷即擬變通舊案改發實銀祇因尚未勘工不敢輕率定議四月內臣交卸撫篆後奉命將河東河道署任事宜專心辦理當即欽遵馳抵開封工次適撫臣張之萬帶兵出省不及晤面當向兩商覆以未曾親歷河干無從確指利弊與藩司王憲妥爲斟酌臣知王憲曾任河廳河道情形熟悉公事極肯認真因將通歲工需與之約略籌計茲臣勘明上游兩岸水勢及工程情形並博訪詳諮始知河工有必不可少必不可緩之需而辦理之是否不致虛糜仍視其人爲斷即如搶險夫工料物等項當安危繫於呼吸一刻不可暫停而夫工增値料戶居奇例價不敷隨時增長從前悉皆通融開報以致用數較距茲與該司道等熟商擬將搶險夫工料物預飭廳員早爲籌備不得臨渴掘井致令索價倍昂至河營武弁便於廂埽每當報險輒以危詞聳聽舊埽匯塌必須刷淨朽底補廂新埽從前物力充足不稍吝惜是以另案較多殊不知朽埽連底匯盡自應補廂若尚有根抵可資不必候其匯刷淨盡即應於上面加廂穩固既可惜料亦可護隄此外凡有可以撙節之處無不隨加訪察大

河南印刷局印

抵以減工爲省料以省料爲節費事屬相因惟工料總須實發現銀方可隨時應手究征收錢糧業已停止收鈔無可再撥自當一律更改不便雖以生鈔徒有造報虛數無補工需臣悉心籌酌擬請變通舊案改撥現銀核實辦理復查同治元年開歸河北二道屬另案磚石土埽工程請銷銀七十五萬餘兩搶修工程請銷銀十四萬餘兩二共銀八十九萬餘兩以三成現銀三成半局鈔核計共需實銀五十萬有零雖未由司全數撥給究有熱欠終須歸補今按各廳現在水勢及應辦工程情形通盤約計大加撙節每年尋常修守及偶爾搶險有實銀二十萬兩左右預備支發當可敷衍本年擬將原請例撥辦料銀六萬五千兩歲廂加價銀二萬七千餘兩全用現銀再於春伏二汛例撥防險銀三十萬兩內先撥實銀十一萬兩三項統算計銀二十萬兩有零其開歸河北兩道額征河銀除酌緩及欠解外每年各收銀一萬餘兩及六七千兩不等向歸搶修案發內支應仍就數提用此外歷年備防搶險找補不敷等項均即歸併在內毋庸多設名目致滋牽混似此減之又減試辦一年果能勉力支持即可作爲額歲較之往年約計節省現銀二十餘萬兩至異常險工並非常有設或需項甚鉅另行專摺請旨酌提未撥防險銀兩以昭慎重

臣於河工素未閱歷不能深知底蘊所有修守一切惟有督令兩道及各廳員認眞講求務期一一核實其平日奢糜浮濫惡習諄飭悉力屏除能盡一分實心自有可辦一分實事儻有不肖之員意存貪冒不知節愼即行據實奏參斷不敢稍事姑容再本年應添防料碎石已於另摺奏請停緩計少撥司庫現銀四萬二千餘兩又歷年秋撥防險銀十萬兩亦擬臨時一併停緩計少撥司庫現銀五萬六千餘兩統歸撙節又前因新章未定料麻價並例撥防險均止由司先發二成現銀旬餘以來黃沁節次報長險將交伏稭料磚石等物亟應赶緊購備臣一面咨明撫臣並行司提撥應用以免遲悞合併聲明

同治三年九月諭譚廷襄奏搶辦中河廳十三堡險工撙節估計需[illegible]銀萬餘兩查每年例儲春秋二汛防險銀三十萬兩上年僅撥銀十一萬兩節省銀十九萬兩請提撥現銀三萬兩俾資赶辦等語中河十三堡存灘被刷驟出奇險現雖搶辦漸臻底定而築埝修隄既據譚廷襄奏萬分緊迫自未便稍涉延緩致誤要需著張之萬督飭藩司於上年春伏二汛節省銀兩內提撥現銀三萬兩俾供支放

同治四年議准東河歲搶修及一切工程款項均仍按銀錢各半放給

河南印刷局印

同治四年諭張之萬奏籌備上南祥河兩廳險要工程請酌撥節省防險銀兩一摺河南上南廳鄭州下汛等處本年疊出險工均經搶護平穩惟轉瞬春融水長隄埽堪虞亟應預籌經費物料以濟要需現經張之萬於鄭州下汛十堡十一堡估需銀五萬餘兩祥符上汛十五堡估需銀四萬餘兩內力加核減必須添撥銀六萬兩始敷辦理要工所陳自係實在情形著吳昌壽按照該河督所請迅速飭令藩司於新章司撥二十萬兩外再撥節省防險銀六萬兩並前任河督譚廷襄奏准定章年前應撥料麻四成價銀一併勒限於年前全數解交張之萬俾得及時赶辦毋許稍有延緩其南岸下南廳及兩岸長隄各工並著張之萬隨時察看情形認眞經理

同治五年奏准東河上祥兩廳工程緊要所有上南廳屬添撥銀五萬兩祥河廳屬添撥銀三萬兩在於歷年節省防險項下撥給

同治七年奏准上南等七廳酌加歲料價銀四萬八千七百餘兩以資津貼

同治七年諭本日據蘇廷魁馳奏黃河伏漲異常請飭豫撫撥款防秋並中河廳搶辦險工情形各摺片豫省黃河兩岸工程因歷年經費未充辦理久經竭蹶本年伏汛盛漲異

常七廳兩岸險工到處疊出中河祥河兩廳尤甚所稱秸料之艱餉需之絀自係實在情形現在伏汛未完秋期正遠若不亟籌餉需趕備稭料堵禦勢將不可收拾著李鶴年於豫省庫存項內無論何款立即籌撥開歸道銀五萬兩河北道銀四萬兩尅期交付俾資修守該撫務當顧全大局不可視爲泛常稍涉游移推諉貽誤干咎除分撥九萬兩外倘時價遇險工再有不敷仍著該撫設法另籌隨時撥解並著蘇廷魁督飭開歸河北兩道率同各廳員認眞趕辦各料用資秋汛修防並將中河廳屬中牟下汛三堡隄身趕緊設法搶護俾臻穩固

同治七年八月諭蘇廷魁李鶴年奏請撥款堵築滎工分流一摺所需工料銀九十萬兩現當應用緊急之時著戶部先行撥發庫銀四十萬兩其餘五十萬兩即由戶部速撥有著之款以資接濟蘇廷魁等務當撙節動支不得任聽工員浮冒開銷致涉虛糜所稱此項用款俟撤數後於各省支發各項內每百兩扣除二兩以資歸款之處著戶部酌議具奏　分見工程門

按是年十月胡家玉奏續請帑金又八十萬兩十二月曾國藩等會奏發帑已二百萬

兩此兩奏均見工程門

同治八年二月河東河道總督蘇廷魁奏稱竊查上南河廳榮澤十堡自上年六月二十八日漫口後奏明由司陸續撥銀六萬兩購備料物盤做東西兩壩裹頭埽段共用銀五萬三千九百五十七兩三錢九分一釐其拟寬壩基估彔撈隄共用土方銀一萬二千五百三十五兩三錢又榮工堵築先後奏請撥銀一百七十五萬兩內已收到部撥銀一百萬兩截留地丁餉銀二十一萬兩兩淮鹽釐銀十四萬兩閩海關銀八萬兩共已收銀一百四十三萬兩計未收閩海關銀十二萬兩江漢關銀五萬兩江海關銀十萬兩豫省折漕銀二十一萬兩統共未收銀四十八萬兩除應撥還截留部餉銀二十一萬兩實應找銀二十七萬兩查榮工東西兩壩自上年十月二十一日興工起至本年正月十八日堵合閉氣止隨後復按占跟追普加大土現已一律整齊高厚確核兩壩埽占土櫃拋護碎石挑挖引溝共用銀一百三十二萬餘兩內除餘剩正雜料物值銀七萬三千餘兩應歸善後案內動用核銷外實請銷銀一百二十四萬七千餘兩臣督飭榮工司道詳細核計委已核實無浮自當飭將細數分別造册詳送以憑復核準確奏送清單陳請核銷核以兩

次請撥之數計節省現銀三十七萬九千餘兩連用剩料物統計實節省銀四十五萬二千餘兩所有桑工善後應辦土埽及籌備料物並本年南岸三廳濱黃各工修守爲數甚鉅均不另請錢糧即於節省項下督飭所委各員撙節確估統俟桑工請款全數撥到分別赶辦儻有盈餘悉數奏請繳還部庫不任稍涉虛糜

同治八年二月河東河道總督蘇廷魁片奏稱再查善後工程已飭道督令廳委各員詳愼勘估務臻妥協臣約畧核計增培順河埝加幫南戗水旱土方約需銀八萬餘兩俟估到再行復核具奏至北面背廂護埽所需正雜料物即儘餘剩稭廂動用至南北兩岸本年修守關緊要北岸已於例撥之外奏請添撥銀十四萬兩奉旨俞允欽遵在案南岸三廳工段緊要較倍北岸而大工之後料物昂貴尤非往年可比核計料土兩項非添撥銀二十餘萬兩益以常年額撥斷難布置且幫隄積料非於大汛以前赶辦完竣難資抵禦所賴桑工節省之項可以籌辦儻能再有盈餘另行奏繳第查桑工節省尚有續撥閩海關銀五萬兩未經解到又原奉敕撥豫省折漕銀二十一萬兩已經撫臣奏明無款可支若此款無著則工程關繫至要所短尚多不能不另請添撥以顧要工惟有仰求垂念

河南印刷局印

民依飭部臣於河南鄰近省分籌撥銀二十一萬兩限三月內全數到工俾趁大汛未交趕將各廳修守早爲料理完竣免至臨險棘手查上年榮工分溜刷沙無力河身淤墊倍甚現在全黄挽正各廳工程處處喫重臣以大工甫定尚抱隱憂不敢不切實陳請至兩岸常年額款並前請歲料加價及北岸添撥之項亦須早日撥發方能及時籌辦

同治八年四月河東河道總督蘇廷魁奏榮澤汛善後土工共估工十四段長七百六丈餘尺共土十九萬三千九百餘方連水戧共需銀八萬三千三十九兩零

同治八年七月河督蘇廷魁河南巡撫李鶴年會奏稱竊照堵築另案大工事竣後應先核明工段丈尺及土料土石銀兩分晰開單具奏再先造冊題銷歷經遵辦在案查同治七年上南廳屬榮澤汛十堡無工之處漫口經臣等奏明盤做裹頭埽段築做東西壩基添築撑壩進占抽溝約估稭麻夫工請撥餉銀遴調官弁擇吉分別次第興工於同治八年正月十五日堵閉合龍穩固在案茲據原派總局司道轉據上南河同知將做過工段丈尺用過料土夫工石方銀兩造冊詳送前來臣等覆查榮澤十堡東西大隄盤護裹頭埽銀並就兩隄改築壩基東壩南面染做撑壩西壩南面隨坦幫寬兩壩分進埽占兼做

上水邊埽塡築夾土壩正壩邊埽普律加廂西上邊埽外接廂雁翅東上邊埽外添廂魚鱗等埽又於雁翅魚鱗埽前拋護碎石東壩舊河北灘挑挖引溝等工所用稭草繩纜夫工碎石俱照例價開報其稭麻土方遵照奏准稭每觔例加價銀三釐六毫麻每觔例加價銀一錢挑溝每土一方例加價銀六錢六分壩工每土一方例加價銀一錢九分二釐並三錢五分及六錢不等以上各工共用工料土石例加價銀一百三十一萬三千五百二十一兩五錢八分四釐內例價銀三十九萬二百三十三兩七分三釐內分六成銀二十三萬四千一百三十九兩八錢四分四釐應照歷次大工之例作正開銷其餘四成銀十五萬六千九十三兩二錢二分九釐並加價銀九十二萬三千二百八十八兩五錢一分一釐應在於鹽釐加價項下彌補歸款以上各項銀數均經核實無浮再查臣前次具奏滎工撥款及用銀總數僅止豫省兩次奏撥部庫各省關銀一百七十萬兩及上年十二月二十一日興工進占起至合龍止所用工料土石挑溝等項除去餘剩料物銀七萬三千餘兩外實請銷銀一百二十四萬七千餘兩節省銀三十七萬九千餘兩連餘剩料物共節省銀四十五萬二千餘兩者因彼時未將司撥銀六萬兩並裹頭壩基撐壩用銀

河南印刷局印

六萬六千四百九十二兩八錢八分一釐歸併核計之故茲將以前奏明由司籌撥之款計銀六萬兩加入連兩次奏撥共銀一百七十六萬兩再將盤做兩壩裹頭築做兩壩壩基撐壩等項逐一歸併確切勾稽實共用銀一百三十一萬三千五百二十一兩五錢八分四釐計餘剩銀三十七萬三千四百七十八兩四錢一分六釐連用存料物作銀七萬三千兩在內實共餘銀四十四萬六千四百七十八兩四錢一分六釐統計撥收用存銀數相符所餘之款仍照前奏撥歸榮工善後各工並各廳常年修守案內動支

同治九年議准沿河州縣經征河淤等租均以八分爲率如解不及數者即行查明分數分別參處又每年派撥民夫上隄積土防守險工應責成沿河州縣循照舊章如數派撥儻有包折等弊即將該州縣嚴參至伏秋大汛遇有險工及堵築漫口之時購料僱夫責成該州縣剴切曉諭不得聽居民捲價居奇河工員弁亦不准抑勒苛派及諉過推卸

光緒元年三月河南巡撫兼管河道總督錢鼎銘奏稱竊照嘉慶二十一年准工部咨開凡河道另案工程無論題咨各案於三汛後將一年統用銀數彙奏一次並將上三年另案所用銀數多寡分晰比較以備查核等因嗣於道光八年十二月接准部咨奉上諭嗣後彙奏單內除歲搶修定額外凡一年另案工程俱入單內比較等因旋於十五年九月內復准部咨奉上諭嗣後彙奏清單務遵奏定期限無論奏咨各案彙爲一冊比較上三年之數原從清單而出毋庸分爲兩事致滋歧異等因十七年二月內又准工部咨奏奉上諭嗣後無論動用何款著一律歸入比較各等因查同治十三年分豫省黃河上游各廳奏辦另案搶險埽磚土石各工連十二年用存工料在內共合銀六十三萬三千六百九十八兩二錢分六三釐比較同治十二年分計多銀四萬三千四百四十三兩二分五釐比較同治十一年分計多銀十一萬五千五百五十八兩二錢四分八釐比較同治十年分計多銀六萬三千三百九十兩三分二釐查十三年分黃河用數實因奇險迭出用料過多是以比上三年均有加增再除添撥歷年節省防險銀及河夫銀兩並十一年

河南印刷局印

剔存料物等項計實用司庫銀十九萬四千八百兩五錢四分六毫亦未逾新章准撥二十萬兩之數謹將用銀總數分別比較彙繕清單恭摺具陳

清單

開歸道屬　同治十三年分奏辦另搶土埽石各工共十五案共用銀三十九萬一千五百八十九兩二錢八分六毫　比較同治十二年分計多銀一萬三千七百九十一兩一錢七分九毫　比較同治十一年分計多銀八萬五千二百十二四兩二錢五分四毫　比較同治十年分計多銀六萬七千七十八兩二錢一分四毫

河北道屬　同治十三年分奏辦另搶土埽磚石各工共十九案共用銀二十四萬二千一百八兩九錢七分七毫　比較同治十二年分計多銀二萬九千六百五十一兩八錢四分六毫　比較同治十一年分計多銀三萬三百三十三兩九錢九分四毫　比較同治十年分計少銀三千六百八十八兩一錢八分二毫

按此本例奏錄一以見大凡而改道以後情形與前不同即爲光緒十六年改章之本

光緒元年七月護理河南巡撫劉齊銜奏稱竊照同治十年懷慶府屬之河內武陟二縣

徐保方陵等無工處所沁河漫口將勘辦情形及合龍日期經前撫臣李鶴年先後奏報並於勘估堵合摺內聲明方陵至徐保隄身卑薄之處甚多擬擇要培修另行估報等情在案嗣前撫臣錢鼎銘抵任飭據該府督同河武兩縣將沁河南北兩岸隄工撙節估計各該工段共需銀二萬九千四百餘兩而原估漫口工程約需銀三萬餘兩因逐加覈剔共止用銀一萬五千八百餘兩較原估節省銀一萬四千餘兩以全數撥支隄工尚不敷銀一萬五千三百餘兩奏懇動款給發欽奉諭旨允准遵即飭司籌款發交該管府轉給河武二縣按段修培各報工竣開具工用銀數呈請驗銷批行確核旋由臣在布政司任內會同河北道吳潮遂款勾稽河內縣徐保漫口工用銀一萬十一兩三錢三釐六毫八絲武陟縣方陵漫口工用銀五千八百七兩一錢七分共銀一萬五千八百十八兩四錢七分三釐六毫八絲又增培沁河兩岸隄工河內縣用銀一萬五千二百九十三兩七錢三分五釐武陟縣用銀一萬四千一百七十三兩二錢一分一釐共銀二萬九千四百六十六兩九錢四分六釐統共請銷銀四萬五千二百八十二兩四錢一分九釐六毫八絲均係核實無浮援照河工例案彙案開單議詳呈請核奏前來經前撫臣錢鼎銘核明未

及具奏因病出缺臣覆加查核此案工程經前撫臣先後奏明發款辦理檄飭河北道督同該管府縣實力興辦徐保方陵等處漫口於同治十年九月二十四五等日先後合龍其根築後戧補還大隄廂護各埽壩均各次第辦竣至增培河武二縣隄工亦於十一年六月二十及二十八等日一律告成查驗工堅料實並無草率浮冒惟所開土方料價核與例價不符因查歷辦成案挑河築壩工程例價不敷准開加價例價作正開銷加價攤征還款至沁工增培舊案亦係隨時察看工程緩急取土難易於例價外酌加津貼每方價銀至三錢四錢不等此案堵築漫口時值夫缺料昂且兩岸隄身內多積水外繞灘沙取土不易不得不分別照章加價酌予津貼以重要工惟加價攤征已於咸豐五年欽奉上諭永遠禁止其同治七年趙樊沁工加價援照槩工請以鹽觔加價還款而培隄津貼則歸捐補此次徐保方陵隄工動用津貼銀兩環沁居民力難報捐歸款自當變通酌辦茲查堵築徐保方陵沁河漫口工程銀一萬五千八百十八兩四錢七分三釐六毫八絲內分例價銀九千十三兩一錢九分七釐六毫加價銀六千八百五兩二錢七分六釐八絲又增培河武二縣沁隄工程銀二萬九千四百六十六兩九錢四分六釐內分例價銀

二萬四千四百四十四兩六錢九分八釐津貼銀五千二十二兩二錢四分八釐相應奏懇俯准將堵築徐保方陵等村沁河漫口及增培河武沁隄二共例價銀三萬三千四百五十七兩八錢九分五釐六毫照數作正開銷其堵口加價及培隄津貼二共銀一萬一千八百二十七兩五錢二分四釐八絲均請在於豎觔加價項下彌補仍俟趙樊沁工借款補完後再行接續歸補以期庫款有著而免虛懸此項工需動用司庫地丁銀兩辦理應扣六分平銀另款存儲至河內工需因取土過遠用料較多是以發辦價值較武陟爲大合併陳明

光緒元年八月河道總督曾國荃奏稱竊臣於立秋處暑時豈將黃河兩岸險要各工防護平穩並水勢過大廂修日久所需錢糧較鉅原請之款難於敷用緣由約畧陳奏在案查本年夏令以後各省之水皆入山東東阿縣疊次稟報大清河水陸續漲漫出槽平地水深三四尺至五六尺直隸東明縣稟報六月杪黃河水漫溢出槽平地一片汪洋此皆上游來源過旺下游河身不能容納以致四出漫淹下游如此則上游先受出山之水者情形之危險更可想見此黃河兩岸七廳所以險要環生搶救不遑而用款因之增益也

當水勢拍岸益隄大溜南衝北射勢不能不撤手搶護斷不敢徒博節用虛名貽誤民生大計所需工料錢糧但求有可騰挪稱貸靡不百計搜羅應急迨事後詳細稽考實已爲數不貲再四思維必須酌添款項方能展布卷查同治二年河工用款定章以後無歲不生險工亦無歲不請添款或十餘萬二十餘萬至三十餘萬不等上年三次共請添銀三十八萬九千兩霜後上中等廳又生奇險復請添銀四萬雖其時河工用款業已徵數奏明請歸次年核銷而究係當年所用之款綜計四次共用銀四十二萬九千兩本年添款經前河臣喬松年於上年多間按照歷年初添舊案兩岸共請添銀二十六萬兩現在司庫支絀尚未全數撥清而統計兩岸七廳常年修守及搶險所用不敷甚多且汛期尚有五旬各廳工程如何仍難逆料茲據南北兩道先就以後別無意外險工估計稟請添撥銀兩接濟前來查所請之數較多臣復確切考核酌量刪減計南岸各廳非添銀八萬三千四百兩不敷應用北岸非添銀四萬五千六百兩不敷應用値此國用維艱苟可冀爲撙節何敢再請增益無如工程緊多錢糧祇有此數若不據實陳請不獨目前萬分掣肘將來亦無以責成工員認眞辦工況此次續添連上多所請本年之款共計銀三十八萬

九千兩與上年霜前用數相同惟有仰求飭下河南撫臣轉飭藩司再行設法籌撥銀十二萬九千兩務於霜淸以前分發南北兩道俾臣得以督飭各員迅將現在積欠各項並秋汛應行防護事宜次第料理則通工幸甚大局幸甚奉上諭著劉齊銜督飭藩司於霜降以前赶緊如數籌撥以資修守

光緒元年十一月河東河道總督曾國荃奏稱竊照黃河工程關繫至重巡防修守最爲當務之急但非錢糧應手難期辦理裕如同治二年前河臣譚廷襄奏請兩岸歲修除河銀剔留外每年司庫撥銀二十萬兩如遇非常險工再行奏提節省防險銀兩接濟改章以後用款支絀無歲不出險工無歲不請添撥蓋近年以來黃水旺盛非常挾沙而下水退沙停河身日漸淤墊高於隄外平地之處指不勝屈再遇長水中泓不能容納遂而北射南衝坐灣横注現在霜淸已過除飭廳妥愼防護凌汛外所有來年修守事務必須預爲籌備約核用項爲數較多據南北兩道援案稟請奏添撥款前來第値此制用維艱不得不力求節省查甲戌年初次請添銀二十七萬四千兩乙亥年初次請添銀二十六萬兩茲仍援照上年之案請添撥銀二十六萬兩分發南岸各廳十四萬兩北岸各廳十二

萬兩仰祈俯如所請飭下河南撫臣轉飭藩司年前先撥四成春汛再撥六成以便督飭道廳得節動支赶辦土工購集正雜料物俾得禦險有資不致臨事掣肘

光緒元年諭黃河工程關繫緊要所有來年修守事務自應豫爲籌備著李慶翱劉齊銜飭令藩司照數籌撥於年前先撥四成春汛時再撥六成俾資應用

光緒二年十二月河東河道總督李鶴年奏援案請撥來年防險銀二十五萬兩

光緒二年奏准添撥銀二萬八千三百兩備修黃河兩岸要工

光緒二年覆准嗣後修辦各案工程務將某年工程動用何年何省銀兩分案詳細聲叙以憑稽覈

光緒二年奏准黃河修守土工爲先現在開歸道屬上南中河下南三廳河北道屬黃沁衛糧祥河下北四廳共用例津二價銀四萬八千四百八十九兩有零均係亟應辦理之工另案開銷

光緒八年六月河南巡撫李鶴年奏稱竊照懷慶府屬之河內武陟二縣境内沁河匯丹入黃水勢浩瀚兩岸隄工每因風雨侵刷時需增培修整武陟地居下游爲沁黃交匯之

處自近歲趙樊郭村等處漫溢民間憂懼彌深情形尤關緊要前據調署武陟縣知縣席
元鑾具稟請修經臣飭司移行該管道府委員會同勘估得該縣沁河南岸自石荊起至
方陵止計工十三段北岸自陶村起至木欒店止計工六段需銀七千九百九十一兩餘
以上各工實爲歷年風雨摧剝汛水淤墊以致隄身卑薄殘缺過甚若不乘時增培一遇
大汛不堪設想均係擇其至要必不可緩之工所需經費亦係撙節估計減益求減並無
浮冒茲據布政使覺羅成孚彰衛懷道陳寶箴核明會詳呈請援照歷屆成案奏明發款
辦理等情前來臣伏查增培沁隄工程向係借動庫款工竣後在於河北三府屬攤征還
項自咸豐五年奉旨永遠禁止攤征同治十一年光緒二五等年修培沁隄均經各前撫
臣奏請動款給發欽奉諭旨允准在案此次武陟縣增培沁隄事同一律既據勘明委係
必不可緩之工且將應需價值按照土方核其取土路近較易者給以例價隔水遙遠以
及遊淤極難倍難之處量予津貼力求撙節刪減無浮合無仰懇天恩俯念工程緊要准
照歷屆成案在於司庫地丁項下先行動發興辦俾環沁居民得以捍衛有資臣因往覆
核查大汛已屆不敢少涉拘泥業經飭司籌款並責成該道陳寶箴督率印委各員迅速

河南印刷局印

赶辦完竣核實驗收不任稍有草率偷減所動銀兩俟工竣飭造細數清册據實報銷

光緒九年奏准沁河歲修銀二萬四千兩河內武陟二縣各一萬二千兩

光緒十年七月河東河道總督成孚片奏稱再今春到任後即赴兩岸周歷勘工因各廳所辦正雜料物時逾桃汛尚未購齊據該廳員等僉稱奉准修工銀兩值庫款匱絀撥領逾期以致節節耽延未能如限完竣而其中虧折耗費尤以料款爲大宗緣各廳需料自三四百垛至七八百垛不等向於九月領銀發辦年底全完則所領價銀尚敷辦理今則歲前款不應手購積無多迨至下年春間接辦鄉間存料已多半售作柴薪間有存料之家明知河工搶險需用無不擡價居奇遂以兩垛之銀尚不敷一垛之用開採石方遠逾數百里運費本極浩繁若採辦逾時水漲溜急挽運亦形艱阻工員責無旁貸莫不重價招徠設法購辦以顧考成因而積負纍纍補苴乏術等語臣詳加訪察尚係實在情形然溯本追源河員之累固由於領款逾時辦公賠墊亦由於相沿積習浮用過多再四籌思不得不參量變通以豫儲爲節省之計當一面商之藩司務將應撥工款竭力設籌按時撥解一面嚴諭南北兩道隨撥隨發勿稍稽時俾公事有所責成工員無所藉口並飭力

裁冗費涓滴歸公不准稍有虛糜該司道及廳員等尙皆共體時艱悉照所議辦理故本年添款減而又減較之近歲所請之數節省銀四五萬兩然河工用款祇能杜其浮糜不能省其實用倘此後汛險工要需用較多仍當隨時據實奏陳續請添撥斷不敢以此時節省限後日之工需致有貽誤

光緒十年九月欽差孫毓汶烏拉布奏稱臣等於八月三十日行抵歸德接奉寄諭有人奏東河歲修銀兩由開歸陳許道等支領迨發交各廳有前五成後五成名目實計到工不及三分之二霜降後官幕各有分潤謂之霜酬偶有險工均另籌款此項仍飽私囊又有河夫銀一款近年工用亦從不需此等語著孫毓汶烏拉布確切詳查同治初年以來領款實數比較覈減奏明辦理等因欽此臣等抵汴後當即咨行河臣分札開歸道陳彝河北道許振禕將同治元年以後至本年止領款實數繕晰單開並就現在工需嚴加覈減實可節省若干又前後五成霜酬名目詳查聲覆旬日來屢晤河臣通籌細酌又面諭兩道等確籌覈減實數不得空言塞責去後茲據河臣繕晰咨覆並移送歷年領款清單歷任奏稿旋據該道等各按工款一切情形稟覆前來臣等詳加覈察據河臣咨

稱查河防經費歲有常經而工段險夷向無一定自咸豐五年銅瓦廂漫溢下游河涸工停上游兩岸七廳各工仍照常修守時值軍需孔亟司撥艱難又兼搭用鈔票諸形竭蹶同治二年經前督譚奏通籌章減工節費停鈔用銀歲撥司庫實銀二十萬兩爲常年歲修遇有異常險工另請添撥乃改章以後無歲不出險工即無歲不請添撥譚任即已添款未能照額辦理歷後各任均以工險費巨逐次添撥有案而所請添款祇能擇要補苴爲急則治標之計其殘缺應修未能兼顧者遂不免漸就廢弛下游河身日見淤高上游工程益見喫重以致同治七年滎工失險堵築費至一百數十萬後此修防不得不愼益求愼期保無虞工段日增用款倍費此改章以來今昔情形互異難與同治初年用數同日語也今春履任後悉深河工錮習嚴飭該道廳等力除積弊一切舊規冗費悉令逐款開報盡行革除伏秋兩汛沁黃異漲上南中河下北等廳迭生險要甚於往年而續請添款則較近兩年已減銀四五萬兩曾經奏明有案此項減用銀款實已省存藩庫節用即所以裕餉理固顯然此後遂年實力整頓如無非常鉅險自可倘能節省近年之費用緊鉅實由於增埽之多非減埽不能節用現在督同道廳等籌議案埽減埽之法以期工堅

帑節無誤修防查兩岸歲修額款二十萬兩南岸分撥六成計十二萬兩北岸分撥四成計八萬兩現飭該兩道悉心覈議南岸工繁酌減一成計銀一萬二千兩北岸工簡酌減二成計銀一萬六千兩自乙酉年爲始先行試辦又河銀一項係兩岸修工夫食專款歲收銀三萬數千兩分解兩道備支歲搶及堡夫工食茲飭亦自乙酉年爲始應發夫食仍於河銀項下動支每歲約用銀三四千兩其歲搶銀兩另於額添款内通籌下餘河銀不准擅動盡數移解司庫另行存儲俟霜降後核定存數奏明解部以昭核實所減額款銀二萬八千兩儲存司庫一併奏明請旨辦理如此核實撙節共計籌出銀六萬兩又査前兩年添款俱請銀二十六萬數千兩本年續請已減銀四萬五千兩擬再將來歲工款省益求省按照本年減請数目辦理合成前項共足十餘萬兩雖於餉需無補而竭蹶圖維實已不遺餘力等語又據該道等稟同前請其前後五成及官幕需酬等名目據該道等稟稱同治二年改章後因撥款錢糧祇有此數而籌備一歲工需勢不能一總支領是以將各廳應辦料物各款先行提發五成飭令分投購辦下餘五成存儲道庫俟交汛後隨時給發此前後五成之說所由來也現在各廳額辦工料俱令悉數購備司撥額款隨到

隨發久已無此名目其添撥之款按工核用更無所謂五成矣又查各廳向有延請明白工程幕友幫同料理每值搶險履艱蹈危異常辛苦霜清後該廳與略分廉俸以酬其勞爲數甚微又河工候補人員派委防汛者有酌發薪水銀兩由廳解道飭發或即以此項薪水認爲官給霜酬其實皆由各廳攤解并非出自公款等語以上兩款據該督查覆該道等所稟尚屬實情各等語臣等伏查豫省黄河當銅瓦廂甫經決口建瓴下瀉上游險工無多自咸豐六年至同治元年每歲三銀七鈔約銷款九十萬兩上下迨同治二年前河臣譚廷襄奏定額款實銀二十萬兩工需頓減大半本年險工即請添撥其後按年增加至七年歲銷已用四十九萬迨衆工失事八年遂增至六十一萬自八年至今五十餘萬者五年八十餘萬者一年六十餘萬者十年合十六年之均勻牽算每歲總在六十餘萬之數查閱歷任河臣奏稿皆以定額不敷險工迭出情詞急迫一再請添至光緒八九兩年遂增至六十九萬推原其故原額核減較過隄埽要工不修近年山東下游逐漸淤高海口出水亦逐漸不暢險增費鉅年甚一年以臣等平素訪聞證之河臣現在查覆尚屬實在情形即河員之偷減侵蝕不盡能工歸實用亦屬傳聞已久然欲於此樽衡歲額

酌定損過就中之數使帑項無虞濫費要工又不致疏防則非身親閱歷熟悉工程裁併得宜行之以漸有未敢輕爲臆決者臣等再三籌酌與其強劃定額後此不能照辦未免掩耳盜鈴轉不若逐漸減裁少一分之浪銷即多一分之庫儲較有實際現據該督籌議酌減明年歲需約十餘萬兩在積年有加無已之後驟去此數已不爲少此後若如所籌添埽減埽工堅帑省則按年撙節仍當日起有功相應請旨准照該督所請自明年爲始將豫省南岸一成北岸二成歲修額款銀二萬八千兩先由司庫另款存儲其河夫銀三萬餘兩亦解存司庫一俟冬間覈數將減請之四萬五千兩由司庫節省防險項下提出連前兩項一併奏明請旨聽候部撥此外再有節省亦一併提存奏明候撥嗣後即作爲定章每屆一年覈數奏報一次如數年之後核減之實款逐歲增多應由該督將認眞督辦承辦之道臚奏請恩施酌予獎叙倘不肖河員狃於故習貪利侵欺罔知悛改亦即嚴參懲辦庶在工咸知懲勸而積弊可漸挽回至前後五成官幕霜酬各事既據該道等查明現在幷無此等名目該督咨覆屬實應請無庸置議

光緒十年豫自明年爲始將歲修減成等項銀兩均存司庫冬間覈數奏明請旨候撥嗣

後作爲定章如數減之數逐歲增多將督辦承辦之道廳奏請獎敘倘有不肖河員狃於故習貪利侵欺立即嚴參懲辦該河督務當督飭各道廳將所籌添埽減埽認眞經理以期工堅帑省

光緒十一年議准河工辦料到工委員盤查具結申送如有虧少著承辦秭收之員勒限分賠盤查之員儻有瞻徇照徇庇例參處短少物料責令分賠儻盤查之後該員私挪變賣照侵蝕錢糧例分別治罪

光緒十一年議准河工分賠逾限未完銀兩奏明催追之日按照例限減半立限追繳三百兩以下勒限三箇月三百兩以上勒限半年一千兩至五千兩勒限一年五千兩以上勒限一年半一萬兩以上勒限二年二萬兩以上勒限二年半三萬兩以上勒限四年以次遞加有銀數在十餘萬兩外仍照每萬兩加限半年完繳均由該管上司承追再有遲逾本員參處承追官照不力例開參

光緒十三年河東河道總督成孚以常年工用不敷奏請添撥節省防險銀十萬兩〇按奏撥此款在八月鄭工漫口之前

光緒十三年九月諭成孚倪文蔚奏會勘堵築事宜一摺據稱鄭州下汛十堡漫口督飭工員竭力堵築已將東西兩壩裹頭護埽三十餘段厢辦完竣現在盤築壩基購料興工惟需款甚急請籌撥等語鄭州決口後水勢直趨下游該處河工關繫數省民命若不亟籌堵合爲害伊於胡底成孚倪文蔚當趁此霜清水落之時赶緊廣集物料將壩基等工盤築堅穩節節進占務期及早合龍以免遷延遲誤所需款項著先由部庫提撥銀二百萬兩尅日解往未到以前准其由司庫提款應用仍著戶部陸續籌撥的款源源接濟以期無誤要需朝廷不惜帑金爲民捍患該督等務當嚴飭工員實心實力妥速辦理員弁中有始終勤奮異常出力者准其從優保奬破格施恩儻敢草率偷減藉端牟利即著分別嚴行參奏按照軍法從事勿稍寬貸成孚疏防於前厥咎甚重儻不知愧奮糜帑無功定即重治其罪決不姑容倪文蔚身任地方亦屬責無旁貸前因甫經到任從寬免其議處該撫當激發天良同心協力速蕆要工愼勿諉卸干咎懍之

光緒十三年九月戶部奏稱竊查河南鄭州黃河漫口掣溜南趨仰蒙特頒內帑急賑災黎迭次欽奉諭旨截留京餉以資賑撫復於八月三十日由軍機處交出軍機大臣面奉

諭旨此次河南鄭州黃河漫口所有搶辦河工及辦理災賑各事宜需款甚巨亟應豫籌的款以濟要需著戶部悉心酌核妥議具奏欽此當經臣部議將各省洋藥加徵釐稅自今年正月以後除已由部撥各用不計外所有收數全行存儲以備防賑之用並聲明再由臣等將應減應停之項及變通則例再行分具條款奏明辦理奏奉諭旨依議欽此欽遵在案伏維黃流尚無歸宿汎濫之處必寬淹浸之日必久億萬生靈嗷嗷待哺現據河臣奏報口門刷至五百餘丈之寬則河口一日不堵民生一日不安即朝廷憂勤一日不釋現經欽奉諭旨令於部庫提撥銀二百萬兩尅日解往此後仍陸續籌撥工程浩大即使修防得手尅日奏功而五六百萬之鉅款何從籌撥查歷次河工用款皆以捐輸爲大宗現在海防捐輸擬改爲河工事例尚須詳細斟酌變通辦理另摺陳奏此外應籌款項臣部再三集議既不便將一切支款概行核減更不敢過事搜括累及小民際此時艱萬分焦急不得不於無可設法之中竭力籌畫惟有裁長夫停購買改米折調防營以及勸輸鹽當匯號各商捐輸集款以佐經費之不足議擬各項辦法六條另繕清單恭呈御覽奉旨覽奏均悉裁撤長夫暨鹽商捐輸當商匯號交銀三條著照所請行餘勿庸議現籌

各款均非現銀恐停工待餉貽誤要需仍著該部於附近河南各省應行解部的款先行指明劃撥以期迅速應川俟所籌積有成數再行分別歸款〇戶部原單不錄

光緒十三年九月戶部奏開鄭工捐例

光緒十三年九月戶部奏先後提撥庫存銀兩及截留京餉五百餘萬兩以濟鄭工

光緒十三年十二月署河東河道總督李鶴年奏請撥增培添築黃河兩岸殘缺卑薄隄埝增戧等工銀十五萬兩分發南岸各廳銀九萬兩北岸各廳銀六萬兩

光緒十四年二月督辦工程禮部尚書李鴻藻署河東河道總督李鶴年河南巡撫倪文蔚奏稱鄭工決口之寬從來罕有原估照祥工成案請撥工款六百萬本從節減適值歲歉料缺牛馬被疫車運艱難百物亦皆昂貴即以祥工比較稭料麻料兩大宗均加貴至四成以上一切雜項大率類此委非估辦之時所能料及臣等雖力破積習凡事核實辦理而通盤籌計實屬不敷臣等深知部庫支絀鉅款難籌但此次大工爲三省數十州縣生靈安危所繫若不先事陳明一至工程喫緊之時而款項不繼益重貽誤事機之咎容再督同鄭工總局司道遂細鉤稽確估短少之數另行奏請續籌添撥惟兩壩晝夜進占

日費數萬存款不過百萬上下其涸可待仍慮倉卒無以接濟擬先商由北洋大臣李鴻章息借商款一百萬兩由臣等察看工次緩急情形斟酌提用以備不虞是否有當伏候

聖裁

光緒十四年四月戶部奏籌撥鄭工銀一百萬兩

光緒十四年七月督辦工程禮部尚書李鴻藻署河東河道總督李鶴年河南巡撫倪文蔚奏稱伏秋汛至兩壩埽占屢蟄屢鑲款料將罄擬請停緩俟秋汛後接續趕辦緣撥工款現計未解到者約有七十萬除歷補還司庫墊款外兩起所存銀錢統計不及二十萬非豫爲籌計不足以資接濟此次工程始終以集料爲第一難事約計現在搶廂將來堵合所需尙多一俟新料登場即須廣爲購備此項已屬不貲開工後需費尤極煩鉅現存之款此兩月中已難支持斷不能更供秋後工料之用若俟臨時奏請又恐緩不濟急難免停待之虞惟有仰懇飭下戶部迅速籌撥銀二百萬兩以濟急需臣等深知庫款支絀部臣籌畫艱難奈因時勢所迫萬不獲已爲此再三之請不勝悚惶待命之至奉上諭據李鴻藻等奏伏秋汛至請停緩大工俟秋汛稍平接辦一摺覽奏殊深憤懣自上年八月

鄭工漫口迭諭該河督等迅籌堵築先後發給工需銀百九萬兩朝廷軫念民生籌措不遺餘力乃該河督等遷延觀望節經嚴旨催辦至歲杪始行開工詎自上月二十一日西壩捆廂船失事阻礙不能進占據奏種種棘手情形若仍令勉强暫辦終歸無濟著准其暫行停緩一面固守已成之工一面添集料物俟秋汛稍平迅速接辦現已飭戶部迅籌鉅款接濟工需著李鴻藻將如何挑溜挖淤及添集料物各事宜認眞速辦詳晰覆奏

分見工程門

光緒十四年掌河南道監察御史劉綸襄奏稱竊臣恭閱邸抄伏讀初十日上諭如鄭工辦理失當情形已在聖明洞鑒之中惟以臣之所聞猶有不盡於此者臣維河南吏治之弊甚於他省巡撫倪文蔚蒞任之時正河工辦料之日朝廷嚴旨督催自宜設法變通以期迅速蕆事乃倪文蔚不問屬吏之賢否概以辦料委之州縣州縣復假手胥吏既不發價復多方抑勒小民深受其累遠方之人聞風而懼多將稭料付之一炬以致購辦無從有誤大工推原其故倪文蔚實職其咎此其表率無能已可概見道員歐陽霖係河南獲咎之員其歷任州縣素著貪劣河南之人至今深恨惟奔競鑽營是其所長此次報捐之

款非他即河南黎民之脂膏也總辦稭料係河工要差乃倪文蔚不委他人而獨委一紳民交惡之劣員親其偕材他省一似舍歐陽霖別無可用之人者不知其貪汚性成一旦假以事權其侵吞浮冒何所不至謂非任用私人其誰信之似此庸闇徇私與成孚等厥罪維均僅予革留臣以爲未足蔽辜者此也辦河諸臣既欲將黃河挽歸山東故道則開辦引河自屬要工宜如何詳細酌度認眞經理乃不顧地勢之高下不計土方之多少竟以銀一百二十萬兩包與總兵崔廷桂辦理已屬駭人聽聞崔廷桂意圖自肥草率從事開河既狹且淺河身高下迥殊未能一律剷平放流之後一二日全行淤墊大溜仍歸舊處致口門日漸刷深未能合龍大功敗於垂成朝廷之巨帑盡糜貪吏之厚貲坐擁臣以爲亟宜嚴懲者此也河工之刻扣侵吞向屬積習此次鄭工用款宵旰焦勞於上臣工竭蹶於下承辦諸大臣宜如何激發天良認眞節省近聞自河南來者言發款雖九百萬之多到工者不過數成惟督辦大臣李鴻藻清操自矢其餘大小員弁無不坐享厚利人言籍籍似非無據臣思鄭工一日不停帑項必源源接濟若復恣其侵吞罔思變計誠恐朝廷之正供有常奸吏之貪囊無底即庫款充盈猶將不給況在支絀之時乎至督修兩壩

之大臣其功過原自易見如果工堅料實自能抵禦洪流若坍塌墊陷前功盡棄其罪亦何可姑容惟河工積習失事之後往往移東挪西以多報少借端請款肆行欺飾此次鄭工旣據奏明僅餘六占未進六占之外皆已成之新工也前此工程浩大難以計核今則已有把握矣請飭下新任督臣吳大澂先行估計每占用銀若干兩六占共用銀若干兩預行奏明以杜挪借則發款庶有成數可稽不致盡爲虛糜至新工如有疏虞自應責令該大臣賠修以爲糜帑誤工者戒再臣聞河工薪水銀大臣每月千兩委員每月二百兩投効者至數百員之多以朝廷有用之款養各省庸濫之人百姓之饑溺誰拯冗員之酬豢可鄙請飭下吳大澂破除情面嚴行裁減凡無要差者概行驅逐以省度支而杜冒濫

光緒十四年陝西道監察御史燕起烈奏稱風聞鄭工舉事委員至一千餘員之多又聞前河臣成孚有賣給委箚之事以入貲多寡定差委優劣濫竽者四百餘人又外間傳言紹誠自河南匯銀四十萬來京衆口一詞似非無因今旣大工已潰仰蒙嚴旨分別予以革職軍臺臣謂此莫大之恩也查鄭工決口傳聞在八百丈內外以一百八十丈一里計算寬倘不足五里何以動款至九百萬尙無成功應請按其當日所報大數統計已用多

河南印刷局印

少現存多少若款項業已告罄則以萬餘金進占一丈恐非情理所有其中有無弊端屍
指可得概見修築隄埝有土方可估下埽排樁有料物可覈均不能十分懸遠伏願勅查
確數如有侵欺重法即隨其後此覈實之道期於懲一儆百者也
光緒十四年署河東河道總督吳大澂奏稱竊臣於光緒十四年八月初六日接准軍機
大臣字寄欽奉光緒十四年七月二十七日上諭一道並抄發原摺二件命臣將兩壩及
引河究竟因何貽誤實在情形並倪文蔚等被參各款逐一確查據實具奏仰見聖慈屢
念河工力求整飭之至意臣到工之始一面察度河勢履勘壩工一面調閱案卷明查暗
訪並與在工辦事人員反覆推求悉心考察知本年春夏之交河水甚平未能早蕆全功
一由工段過長全溜圈注口門進占費力一由上年開工太晚料物未能應手之故當時
札飭各州縣購辦稭料係援照道光二十一年祥工成案亦非倪文蔚一人之見惟地方
州縣由撫臣督催較為得力倪文蔚以辦料自任目擊河工待用情形嚴限趲催未免過
於急切而州縣奉文促迫多派胥役四處搜求幾及窮黎勢所不免臣自歸德府進省沿
途訪問亦有議及州縣辦料之艱難有欲速反遲之弊究竟何縣需差辦理不善何縣鄉

民受累亦不能確實指證其辦料遲延之州縣早經撫臣倪文蔚會同河臣李鶴年奏參在案現經臣出示曉諭專派委員自行設廠收買民料勿庸各州縣購運以後流弊自少民情或稍踴躍道員歐陽霖前在河南歷任州縣聲名平常因案鐫級此次河臣李鶴年撫臣倪文蔚會札委辦稭料自上年十一月到工往來周家口購運料物査無實在劣迹惟係指捐江蘇試用人員尚未到省既有人言藉藉應將總辦稭料一差即行撤去由撫臣咨回江蘇試用河北鎭總兵崔廷桂督辦引河經前河臣李鶴年撫臣倪文蔚於上年十二月會奏摺內聲明原估二千五百丈派令工賑營提督董明禮督率工夫興挑因係鄉居農民挑挖未能如式復經會檄河北鎭總兵崔廷桂督帶弁兵招募諳習挑河民夫到工改估引河共長三千丈分作九十六段空留引河頭三十丈以備臨時相機搶辦等語臣查總兵崔廷桂造報清册內挑挖正引河及搶辦河頭共用銀六十三萬三千餘兩撥沙挖淤抽溝並搶挖川字河二道共用銀四萬五千餘兩練軍永固營勇丁口糧並發工賑營長把鍬及一切雜款共用銀二萬四千餘兩統計不及七十萬兩原參撫臣倪文蔚以銀一百二十萬兩包與總兵崔廷桂辦理實無其事臣又派員乘坐小舟由引河頭

順流而下逐段測量現在河口最深之處八九尺至一丈不等以下或深四五尺或三尺五寸四十二三段間河有淺灘水深二尺至四尺不等惟六十三四段水深至六七尺引河上下均有船隻往來行駛尚不致全行淤墊以後㶁壩挑河仍當責成崔廷桂一手經理惟現值庫款支絀之時不能不撙節估計總期引河深通寬闊而經費不致虛糜庶與公事有裨原參又謂大臣薪水銀每月千兩委員二百兩投効者至數百員之多嘗即行查鄭工總局茲據該局司道會稟光緒十三年大工興辦後曾經議照歷辦成案由五四經費項下開支公費嗣因督辦臣李鴻藻前署河臣李鶴年撫臣倪文蔚飭議節慎工需一切不准開支並未支送公費銀兩督辦臣李鴻藻係照部章每日支銀七兩隨帶司員每員每日支銀三兩其餘調工委員薪水查照滎工成案稟明道員每月支銀一百兩知府每月支銀七十兩同通州縣每月支銀六十兩佐雜各員每月支銀三十兩投効人員均減半發給並無每月支銀二百兩章程其他省人員來工投効亦無數百員之多原參有謂成孚有賣給委劄之事以入貲多寡定差委優劣濫竽者四百餘人查各衙門皆有劄稿存案臣調閱案卷前河臣成孚任內與撫臣倪文蔚會銜劄委文武員弁一百一十

人單銜箚委九十餘員大半河工候補及地方州縣佐貳間有本省在籍紳士其外省人員投効者甚屬寥寥並無四百餘人此外委員在工差遣有由各局各廠自行檄委之員有因赶辦夜工隨派之員皆與成孚無涉該前河臣身任大員受恩深重斷不致有賣給委箚之事自係傳聞之訛原參又謂外間傳說紹誠自河南匯銀四十萬來京一節臣在省城密飭署祥符縣知縣舒敏調取各票號匯銀總簿親自查閱僅日昇昌匯京銀四千兩存義公匯京一萬兩皆由河南匯至京城寶興隆金鋪款目較鉅並無匯紹宅字樣此外亦無匯京鉅款據各該號商人聲稱實無紹誠囑匯銀兩之事臣到工後又派員前往西壩銀錢庫守提該庫收支銀錢簿及日用流水各簿二十餘册逐册檢查核對所收銀數與藩庫發款相符所發廠價料價及土夫錢文委員薪水均係因公動用並無紹誠挪用銀兩惟江蘇候補知縣蔣文海自二月十八日至七月初三日止共領料價銀二十萬二千餘兩本年所收民料價值參差易滋弊竇蔣文海所購秸料六百六十餘垛有無浮冒事後無從稽核臣查蔣文海爲紹誠親戚委以購料要差領支鉅款未免不知遠嫌紹誠呈西壩委員清摺並無蔣文海銜名雖已撤差回省訪聞該員在工數月聲名甚劣跡

近招搖應否請旨將江蘇候補知縣蔣文海革職以示薄懲原參謂紹誠匯銀進京查無
實據應請毋庸置議至上年搶險不力之署開歸陳許道李正榮雖經吏部照例議處惟
前河臣成孚已獲嚴譴該前道仍復留工効力誠如聖諭僅予摘頂降調不足蔽辜應將
前署開歸陳許道李正榮已革上南廳同知余潢請旨交部一併嚴議以昭炯戒上南營
守備王炘業已病故應毋庸議從前在工差遣人員自奉旨停工以後業經前署河臣李
鴻藻督令各局大加裁撤如再有可汰之冗員可省之浮費臣當破除情面竭力刪除以
仰副聖主慎重工款之意

豫河志卷十八　經費五

光緒十四年八月署河東河道總督吳大澂片奏稱再前督撫臣李鴻藻等奏請添撥銀二百萬兩已蒙恩旨飭部籌撥臣到任以來查核前撥銀九百萬兩司庫所存無幾兩壩料垛亦將告罄保守已成之工每日仍須加廂加築計距霜清尚有一月所需稭料錢糧已形竭蹶臣與鄭工總局司道大員通盤核計合龍以前之料物固須先事預儲合龍以後之工程亦應兼籌並顧再四思維前請銀二百萬兩尚不敷用總須添請銀一百萬兩方足以竟前功而彌後患臣蒙聖恩特簡畀以事權若再糜費誤工豈能當此重咎現議添築挑水壩疏濬引河皆必不可少之工但須料物應手工程堅固早一月合龍早省一月之工費所慮者各省解款未能接濟河南藩庫亦無可挪墊此臣所日夜焦思而不能不愚[illegible]過慮也現准部咨已撥銀一百萬兩擬請飭下戶部再行籌撥的款銀一百萬兩期於霜降前撥解到豫以應急需其餘一百萬兩可否飭令各直省督撫臣暫行籌借無論何款設法借撥赶於年內委解到工即以各省所收鄭工捐項抵撥歸還如捐款不足請以本年各關所收洋藥釐金餘羨銀兩撥還各省墊借之款在各直省督撫臣公忠體

國無不以豫省河工爲念既有指款可抵必能設法移緩就急俾臣得以早奏成功上紓朝廷宵旰之靨下慰皖豫災民之望大局幸甚

光緒十五年五月河東河道總督吳大澂河南巡撫倪文蔚奏修築廣武山黃門嘴山根柴芯大石壩一道共用土料碎石夫工等項銀八萬七千九百餘兩詳見工程門

光緒十五年十月河東河道總督吳大澂片奏稱再查黃河南北兩岸伏秋大汛往往奇險環生而保護險工防患未然莫善於磚石壩垛臣深知其禦險得力立意於河歸故道後專派妥員動撥善後工款採購磚石在各廳迎溜坐灣著名緊要處所添築壩工挑托溜勢本年秋汛期內上南河廳滎澤汛九十堡中河廳中牟下汛三五堡下南河廳祥符上汛黑堈工祥河廳祥符上汛十五六堡下北河廳祥符下汛頭二堡先後河勢喫重大溜左衝右突各廳搶廂埽段幸保無虞賴有各道壩工爲之擎托蓋護藉免棘手化險爲夷此保護之得力確有明驗除將所做段落另行查明附片具奏外伏查壩工當溜之所新築基址入水未深總須接續加拋三五年後方能到底堅實各廳應領歲修項下購石無多其勢不能撤手拋用本年善後工款業已告罄核計所短尚不甚鉅暫行挪動南北

兩道征存道庫已丑年河夫銀兩湊資辦理惟此項河銀前於光緒十年仰蒙欽派大臣來工查辦核減歲款奏明提解落庫聽候部撥動用原爲撙節浮費起見現在堵工林立工款不敷與其另請找撥不如借動河銀以後逐年加抛用石較多亦恐難乎爲繼合無籲懇鴻慈俯念工關緊要自已丑年爲始准將兩道河銀留歸工用專指添辦磚石儲備加抛新埽列入另案報銷不與各廳工款牽混庶工歸實用費不虛糜而埽工有此專款不致日久衝埽前功全棄如五年以後新修各埽一律堅穩或溜勢外移無須加抛磚石屆時再行體察情形奏明停止河夫銀兩仍飭提解落庫

光緒十五年十二月河東河道總督吳大澂河南巡撫倪文蔚奏稱竊照歷屆堵築漫口另案大工應將各項工料價値查明奏報繕送清單以憑將用過錢糧核實造册請銷節經遵照辦理在案伏查此次堵築上南河廳鄭州下汛十堡石家橋漫口大工據鄭工總局司道將前項做過土埽磚石暨挑挖引河各工動用銀兩細數造册詳請奏送清單前來臣等確切覆查通工做過土埽磚石各工共用銀九百五十一萬三千六百四十五兩九錢四釐挑挖引河各工共用銀一百四十五萬三千三百三十兩三錢二分一釐以上

前後統共工用銀一千九十六萬六千九百七十六兩二錢二分五釐逐款釐剔鉤稽均係實工實用毫無浮糜

光緒十五年十二月河東河道總督吳大澂河南巡撫倪文蔚奏稱查明堵築鄭州大工做過各項工程約核用銀總數土埽磚石各工總共約用銀九百五十一萬三千六百四十五兩九錢四釐引河各工總共約用銀一百四十五萬三千三百三十兩三錢二分一釐二共應歸正案約用銀一千九十六萬六千九百七十六兩二錢二分五釐均係實工實用核實開支並無絲毫浮糜下餘應存銀兩除提辦預修土工滎澤搶險廣武山壩工節次動用外悉數撥歸善後就款辦工能否不出範圍容再隨時陳奏惟査此次辦理鄭州大工工程之浩大時日之久長料土之昂貴實與歷居情形迥不相同所用料物廠則比較同治七年滎澤大工每觔用銀一錢今每觔用銀六分節省十分之四而稭則非常之貴滎澤興工每垛不過用銀一百七十兩今每垛貴賤均牵需合銀二百七十兩比較滎澤大工加費不及十分四之蓋因開廠伊始每垛料價雖祇用百餘兩而附近之料稀少一經收買即已罄束全無十三年十二月間本工採購每垛價值已放至三百餘兩山

東遠料來工每垛合銀五百兩曾經前署河臣李鶴年奏明有案迨至次年四五月間搜羅至千里內外之料每垛放價竟至六百兩之多實爲從前大工所罕有上年秋間臣大澂捻任後適值新料稍有刈獲極力收羅每垛仍需銀二百餘兩所以前後通扯每垛確核銀二百七十兩此外穀草每束銀五釐四毫纜每套銀二分七釐繩每條銀二分二釐五毫核與例價相符惟椿木每根腳價銀八錢二分五釐至二兩二分五釐土工每方價銀四錢至五錢六分搶挑引河頭每方合銀七錢雖比榮澤大工價值畧有加增實緣工作緊要人夫飯食過昂勢不能不優給價值俾資果腹而免渙散誤工

光緒十五年十二月河東河道總督吳大澂河南巡撫倪文蔚片奏稱再查鄭工堵合案內先後收到部庫暨由部指撥各省關協解來工銀一千萬兩內除湖北應解廣西轉撥河工一款係屬湘平折合庫平計短銀四百九十九兩一錢九分又奉天協解到工一款係屬漕平折合庫平計短銀七百六十三兩四錢三分除短平外淨計收到撥款銀九百九十九萬八千七百三十七兩三錢八分又兩次收到由津息借商款銀二百萬兩內除一百萬兩係屬行平折合庫平計短銀三萬一千一百九十五兩五錢五釐除短平外計

收到借款銀一百九十六萬八千八百四兩四錢九分五釐二共淨計收銀一千一百九十六萬七千五百四十一兩八錢七分五釐再加安瀾舊協濟料價銀一千兩制錢五千串一四合銀三千五百七十一兩四錢二分八釐各員報捐工款銀三萬七千兩連前總共實收到工銀一千二百萬九千一百十三兩三錢三釐每百兩應再申出市平銀二兩歸入正款作收計共應申市平銀二十四萬一百八十二兩二錢六分六釐統共應歸正款作收銀一千二百二十四萬九千二百九十五兩五錢六分九釐內除堵築漫口大工做過土埽磚石以及挑挖引河各工計歸正案用銀一千九十六萬六千九百七十六兩二錢二分五釐提辦預修土工用銀十五萬兩專案搶辦滎澤汛險工用銀十三萬五千五十一兩九錢修築廣武山黃門嘴埽工用銀八萬四千九百八十五兩三錢三分六釐撥給接辦電線工程用銀二萬兩計尚應存銀八十九萬二千二百八十二兩一錢八釐現在悉數撥作辦理各廳善後工程採買寨門德土添築各廳磚石埽工歸還訂購鐵路電燈價值運腳保險以上通盤確切計算尚不敷用而爲數不至甚鉅應請俟善後用款一併核清後即在開歸河北二道徵收河銀項下通融挹注以資找發清款理合聲明

光緒十六年二月戶部咨爲附奏事河南司案呈內閣抄出河東河道總督吳奏查明鄭工堵合案內收支銀款數目一片光緒十五年十二月二十八日奉硃批該部知道欽此欽遵抄出到部相應恭錄硃批移咨河東河道總督遵照至原奏內收款項下部庫及各省關並兩次息借商款安徽省協濟銀兩制錢合銀各員報捐工款除短平外共收庫平銀一千二百萬九千一百十三兩三錢三釐每百兩應申出市平銀二兩歸入正款作收共市平銀二十四萬一百八十二兩二錢六分六釐統共應歸正款作收銀一千二百二十四萬九千二百九十五兩五錢六分九釐本部查前項鄭工收到各款核與原撥報收數目均尙相符至應申市平銀兩前據河督附奏鄭工需用員弁吏役薪工紙張等項雜用援案請扣經費將例扣減平一項免扣經本部議覆准其在於支發工款項下照案每用銀一兩統扣銀五分四釐俾作經費此項提扣經費銀兩合計爲數甚鉅工竣之後應將扣過經費餘存銀數提歸正項另行開單奏報至例扣減平准其免扣惟查鄭工案內支發工需每銀百兩均扣市平銀二兩歸入正項作支並將收支工料銀數日期隨時報部奏准行知在案今該督將應扣市平銀兩照案申入正項作收所有扣支五四經費銀

兩未據奏報應令河東河道總督轉飭趕緊詳細查明開單奏報又支款項下堵築漫口大工做過土埽磚石挑挖引河各工用銀一千九十六萬六千九百七十六兩二錢二分五釐查此款應俟工部核覆准銷後再行查核又提辦預修土工用銀十五萬兩專案奏辦榮澤汛險工用銀十三萬五千五十一兩九錢修築廣武山壩工用銀八萬四千九百八十五兩三錢六釐撥給接辦電線工程用銀二萬兩查撥給電線一款係電商借用五年攤還之款已歸另案辦理至提辦預修土工係十四年黃河工程確核數內動用之款搶辦榮澤汛險工修築廣武山壩工應俟該督題銷工部核准後再行核辦惟廣武山壩工銀數核與該督前奏確核動用銀八萬七千九百二十餘兩之數不符併令該督查明聲覆又存款項下計尚應存銀八十九萬二千二百八十二兩一錢八釐據稱現在悉數撥作辦理各廳善後工程採買塞門德土添築各廳磚石壩工程歸還鐵路電燈價值運脚保險以上通盤確切計算尚不敷用而爲數不至甚鉅請俟善後用款報清後即在開歸河北二道徵收河銀項下通融挹注找發清款等語本部核算支存款內比新收少開銀三分併令查明聲覆再查上年十一月間本部會議河督奏請留兩道河銀添辦磚石接

續加抛案內准將己丑年兩道河銀留歸工用此後不得再留河銀行知該督在案所有兩道河銀一款仍令該督遵照奏案辦理至善後工用採買塞門德土鐵路電燈二項動用銀兩數目前據奏咨報部二共用銀七萬數千兩其餘添築各廳磚石等項數目未據該督將收支工料銀數日期隨時報部併令該河督轉飭遵照光緒十三年十月間本部奏案趕緊報部查核可也

光緒十六年二月兼署河督倪文蔚奏廣武山黃門嘴山根柴芯大石壩常年修防應須購備碎石加抛塡墊壩戧殘缺每年飭撥經費銀五千兩專作廣武山壩工歲修之用

光緒十六年三月工部片奏稱再閏二月十三日內閣抄出兼署河督河南撫臣倪文蔚奏稱接管卷內據鄭工善後局司道禀稱前河臣試用塞門德土先在旅順借撥三千桶復購三千六百桶計運水旱腳價銀九萬二千二百餘兩但灌用塞門德土係屬創辦河工并無成案可循應請另册開報又鄭工善後應用料蔴土方各價尚多居奇勢不能以常年例價責之工員承辦援案量予加增計稭每觔發銀三釐二毫蔴每觔發銀三分六釐土工分別水旱每方發銀五錢至六錢五分不等先行奏明等因一片

光緒十六年閏二月初十日奏硃批該部議奏欽此欽遵到部臣等查外洋塞門德土歷辦河工從未購用例所不載無案可循今鄭工拋築磚石壩垛灌用塞們德土所需腳價本應同壩工一併報銷以便稽考惟此項塞們德土係仿灌漿之法應用該署河督原片所稱不能按方勻銷洵屬實在情形臣等公同商酌擬請如所奏另册開報應令該河督轉飭詳細造册送部核銷毋稍含混此次試用塞們德土是否確有明效倘難逆覩如行用不能經久不得率行購用致河工增一鉅費至請將鄭工善後各工需用稭蔴土方各價量予加增一節雖係援案辦理第查同治八年榮工善後稭料每觔發銀二釐六毫今請將鄭工善後應用稭料每觔發銀三釐二毫較之成案每觔增銀六毫以垛計之每垛合增銀三十兩綜計所費爲數不少似此逐漸增加未免太無限制臣部礙難議准除蔴土價値核與成案尚無浮多應如所奏辦理

光緒十六年五月工部奏稱四月初二日内閣抄出兼署河東河道總督倪文蔚奏稱豫省黃河南岸上南河廳屬鄭州下汛十堡河工光緒十四年十二月二十日奏報合龍所有做過各項工程段落丈尺約核用銀總數以及詳細清單業經先後奏報在案茲據鄭

州善後總局司道將前項各工用欵核實造具細數清册詳請核明奏銷前來杳堵築口門做過土埽磚石各工總共應銷銀九百五十一萬二千六百四十五兩九錢四釐挑挖引河各工總共應銷銀一百四十五萬三千三百三十兩三錢二分一釐統共應請銷銀一千九十六萬六千九百七十六兩二錢二分五釐逐款確切勾稽詳細覆核均與原奏清單計數相符委係實工實用毫無浮冒等情一摺奉硃批該部議奏欽此四月二十九日册圖咨送到部臣等督飭司員詳加綜核查册開穀草纓繩椿木磚石夫價七款共請銷銀五十一萬五千六百七十二兩三錢一分悉與例價相符𤼵厰土方兩款比例價稍有浮多較滎工成案𤼵厰計尚少銀六十三萬五百十二兩四錢七分土方夾土壩掄挑引河攔黃壩三項計多銀二萬二千二百四十二兩四錢六分八釐五毫壩基引河兩項計尚少銀三十一萬二千九百五十兩零二錢五分三釐二毫以上各款雖較例案互有贏縮尚不致大相逕庭惟稭料一項較例價爲數既懸核與滎工成案計尚多銀二百六十四萬五千零七兩三錢六分一釐二毫查此項物料節經該河督奏稱開廠伊始每垛合銀百餘兩十三年十二月放至三百餘兩山東遠料每垛合銀五百兩次年四五月間

每垛放至六百兩現在前後通扯每垛合銀二百七十兩等語是當時豫料情形均經奏明有案應否一併准銷之處伏候聖裁臣等未敢擅便再查歷屆大工例應銷六賠四此項工程仍應照例辦理

光緒十六年九月戶部奏稱河東河道總督許振禕奏查革河南河工積弊改章設局保險節費一摺光緒十六年八月二十二日奉硃批著照所請該部知道欽此欽遵由內閣抄出到部據原奏內稱河工重在保險先保險而後減費人所共知豫省河工款項名目糾紛有所謂額款者有所謂奏添節省防險者有所謂另案磚工埽工土工石工者約計每年報銷六十餘萬司庫或延之又久而撥給有事不爲先時之備無事可便中飽之私今擬改定章每年請款即以六十萬兩爲率尋常搶險不必加添將各種名目概行不用特定名曰歲修額款六十萬兩內四十八萬歸七廳赴司分四次支領另提十二萬設一河防局由委員赴司領取總求捐滴歸工如復有弊該河臣願獨承其罪並稱給事中張廷燎奏河南河工積弊宜革請酌提一成爲各衙門辦公之需查河南督撫兩道七廳共十一衙門自幕友委員差官至胥吏外工走卒月領口糧者不下數千人計非七萬五千

金不敷請以此垂爲定額等語臣等伏查豫省河工同治二年間前河臣譚廷襄奏定歲修款目不過二十萬兩未幾而歲修之外復請加增添撥每年多寡無定自光緒十年欽差孫毓汶烏拉布査辦河工奏明節省以後每年歲修及添撥銀兩或四十餘萬或五十餘萬極多者方至六十萬今該河臣請以六十萬定爲歲修額數較近年用過數目並未裁減且有加增在該河臣統籌全局重在保險掃除積弊獨任其難業經奉旨允准臣等自應欽遵辦理原奏聲稱尋常搶險不必添撥各種名目概行不用改定河工歲修六十萬兩一切布置當已裕如自不得再有加添之款其公費銀七萬五千兩即由六十萬額款內支給該河臣每年既有此的款搶險各工自當益加穩固此後隨時有可減省之處亦應據實奏明以節經費並請飭下河東河道總督愼選廉介之廳員力杜折扣之陋習於歲額既不能議減則保險必責有攸歸毋將改章轉生他弊是爲至要奉諭著依議行

光緒十六年九月護理河南巡撫廖壽豐奏河內武陟二縣沁河歲修款各銀一萬二千兩發交紳董具領每年十月先發五千兩採辦磚石正雜等料預爲儲備次年正二月間發銀四千兩以備春鑲築隄並添購料物僱募夫工餘銀三千兩四五月間撥發以備伏

秋防汛等用有餘留來年備用不足設法籌墊定爲歲額免造册報銷（詳見工程門）

光緒十六年十一月工部奏稱內閣抄出河東河道總督許振禕奏稱鄭州合龍後增培土工廂做護埽用銀總數經前署河臣倪文蔚於本年三月奏報在案茲將做過善後各工據詳請奏前來臣等確切覆查通共做過土埽各工共用銀五十一萬五百六兩四錢八分八釐上南中河下南祥河下北五廳新建磚石壩工共用銀四十四萬七千四百十四兩三錢三分七釐逐款勾稽均係實工實用毫無浮糜除飭造册另摺奏銷外查前准工部咨令將料價悉心删減行據鄭工善後局司道詳稱善後所用稭料委係實用實銷無可再減惟有仰懇恩施飭部照准理合繕單會同護河南撫臣廖壽豐恭摺具陳等因光緒十六年九月十七日奉硃批工部議奏單併發欽此欽遵到部臣等查鄭州辦理善後各工曾經前兼署河臣倪文蔚將用銀總數奏報在案今單開做過土工二十四段補廂護埽三十段托壩二道共用銀五十一萬五百六兩有奇抛築磚石壩垛十九道共用銀四十四萬七千四百十四兩有奇查前項工程動用土方鑲廂兩款核與奏定價值相符磚石夫工三款亦與例價符合惟稭料一項先經前兼署河臣倪文蔚奏請每觔發銀

三鎰二亳當經臣部以同治八年滎工成案飭發銀二鎰六亳已較例價浮多此次鄭工善後稭價比較滎工又復加增綜計爲數甚鉅是以奏令删減今查單開所用稭料比較滎工成案核計加銀四萬七千四百七十餘兩雖據河臣許振禕奏稱委係實用實銷無可再減惟與例價成案均有未符臣部未敢率准相應請旨飭下該河督仍當悉心删減以重帑項

光緒十六年十二月河南布政使司廖壽豐開歸陳許道硃保南汝光道朱壽鏞詳稱本年十二月十一日蒙札開光緒十六年十二月初四日准河南撫部院裕咨光緒十六年十一月二十四日准工部咨都水司案呈本部議覆東河督奏鄭工善後做過土埽各工銀數開單具奏一摺光緒十六年十一月初七日具奏本日奉旨依議欽此相應抄錄原奏恭録諭旨行文河南巡撫欽遵查照可也計粘連原奏一紙等因到本部院准此相應咨會請煩轉飭查照辦理施行等因到本部堂准此除行藩司遵照辦理外行道官吏查照事理即便遵照會同藩司朱道馮守等妥速查明核議具覆以憑核辦計粘單一紙等因蒙此遵查工部議駁摺內聲明所用稭料比較滎工核計加銀四萬七千四百七十餘

兩與例價成案均有未符仍令悉心删減緣由伏查鄭工甫竣新工綿延六百五十九丈北臨大河南薙深潭柴土尙未凝堅形勢岌岌可虞善後工程急須撤手赶辦彼時稍一遲延新工設有不測關係匪輕不得已遂定每垛放價至一百六十兩前蒙憲台一再駁斥行令核減業將辦料棘手緣由迭次稟明在案茲奉部議引榮工善後爲斷竊查榮工漫口二百丈有零大工用料四千九百餘垛善後用料僅五百餘垛鄭工漫口五百四十丈大工用料二萬八千餘垛善後用料一千五百餘垛丈尺料數大相逕庭當此次善後採料之時承大工昂貴之後附近之料早經罄束無遺又與各廳歲料同時並購取多用宏則料販居爲奇貨求之遠道則運費無不加多此今昔不同之實在情形也況歷稽成案善後料價無不隨本居大工爲低昂榮澤大工料價銷一銀百六十兩善後銷銀一百三十兩所減不足二成鄭州大工料價銷銀二百七十兩善後請銷一百六十兩計所減已在四成以外實已竭力撙節並未稍涉浮糜本司道往覆函商惟有仰懇俯念鄭工善後工艱料貴與榮工善後情形迥異奏請仍照前册如數准銷實爲公便

光緒十六年護理河南巡撫廖壽豐奏於孟縣新莊下首起至小金隄西頭大王廟東止

抛築石壩四道石垛六箇大王廟西建築攔河埝一道並培修接築隄工銀八萬九千兩
光緒十七年四月河東河道總督許振禕奏稱竊照豫省黄河南北兩岸伏秋大汛遇有
搶辦工程向於司庫撥銀應用歷經前河臣撫臣於嘉慶十年及二十一年議請每年先
在地丁項下提銀三十萬兩以備搶險之需俟將次用完再行體察情形預爲籌計尚應
添撥若干一面會核專奏一面行司提取備用道庫如有墊欠不敷於霜後奏撥還款久
經遵辦在案伏查黄河歲修經費除撥用歲料例價歲蔴加價並司庫例儲搶險銀三十
萬兩外尚有奏請防料磚石及添備秋汛防險等項設在不敷墊用准於奏送清單後另
請找撥㳺款迨咸豐五年蘭陽三堡銅瓦廂失事下游乾河各廳工程停辦而上游雖止
七廳工段修防仍關緊要祇以庫款支絀搭放鈔票辦公倍形竭蹶同治二年前河臣譚
廷襄籌議減工節費停鈔用銀請將添撥防料磚石秋汛防險等款概行停止各廳每年
尋常修守奏定由司准撥銀二十萬兩有奇其兩道額徵河銀仍准歸搶修案内提用若
遇異常險工方准專摺奏提歷年節省防險銀兩辦理洎光緒十年經欽派大臣議減工
款奏請自乙酉年爲始將司撥額款二十萬兩南岸酌減一成北岸酌減二成計准減工

款祗撥十七萬兩有零而兩道徵收河銀不准動用按年解司報部餘仍循照舊章奏懇
俞允欽遵飭辦各在案茲查光緒十六年分豫省上游七廳另搶埽磚土石各工已將動
支銀數核明共用銀六十二萬二千一百四十六兩八錢五分二釐內動用光緒十五年
存工石值銀五百五十七兩七錢五分九釐又存工稭值銀六千二十兩又存工磚值銀
一百三十三兩六錢七分又用十三年祥河廳存石值銀八十兩三錢八分三釐又祥河
下北兩廳存磚值銀一百二十兩六錢二分四釐奏撥辦料銀六萬五千兩歲修加價銀
二萬六千六十四兩又撥用司庫春伏二汛防險銀八萬三千六百四十八兩二錢五分
又奏提節省防險銀四十四萬五千兩以上統共合銀六十二萬六千六百一十四兩六
錢八分六釐現除南北兩岸上游各廳存石值銀五百九十一兩五錢三分七釐存稭值
銀二千二百四十兩存磚值銀一百八十八兩七錢三分四釐留工備用再除彌補已丑
年工用不敷銀一千八百五十六兩三錢六分六釐又除墊發專案採辦南岸三廳碎石
不敷銀三百七十九兩六錢計本年工用不敷銀七百八十八兩四錢三釐內除南岸三
廳隄簀草刀工共用銀五百六十二兩五錢七分一釐係在河銀項下支發外計不敷銀

二百二十五兩八錢三分二釐已由該道捐廉彌補統計連十三年留工磚石並十五年留工料物在內共用銀六十二萬二千一百四十六兩八錢五分二釐撥支銀數相符核計提用留庫並奏添節省防險銀四十四萬五千兩實用司撥銀十七萬四千七百十二兩二錢五分再除存工未用石樁磚共銀三千二十兩二錢七分一釐計實用司撥銀十七萬一千六百九十一兩九錢七分九釐較之奏定章程有減無增

光緒十七年五月河南巡撫裕寬奏孟縣黃河添築磨盤石壩挑溜護壩銀三萬兩

光緒十七年十二月河東河道總督許振禕奏稱竊維黃河歲修之費本國家一大漏巵從來有日增無日減即今歲稍減來歲必復加增以爲險工無定朝廷以其關繫民生而不惜帑項部臣以其尚合例案而不事苛求故積弊日深馴至耗費益繁辦工益細此臣所以亟議改章也原改章之意臣實欲收其權而任其責向之可委過於道廳營汛者今則臣獨任之若有疏虞臣將何所逃罪然而不敢避也臣不甚知治體請以家事例之如人家有大興作主計畫者自必以省費爲先以圖成爲要又凡能省費者必易圖成何也將爲一定之工必籌一定之費先事詳思臨事竭力其所省者耗費非正費也耗費一省

工用歸實故易蒇成夫黄河天險臣豈不知責備至重臣豈不畏而必限定額款力求保固者誠亦審度河勢稽核工程以爲如此則辦工不致竭蹶可以從先事而爲補苴遇險有所取資不取作危詞以瀆聖聽以臣默計所定六十萬之款其實每歲所必不可省者四十八萬耳至提歸河防局之十二萬今年霜清時實餘出六萬兩臣盡以買石加抛至於來年必更得力此十二萬兩涓滴到工即臣前奏所謂新增之補益也向年用款亦有此數未聞於歲修之外復有片石寸土到工則今此十二萬兩堆積料石衆目共覩過險不至張皇辦公有所取給名非節省而實則由節省而出也大約如此補益五六年後每年復可節省五六萬兩不等但須悉如今此辦事積久自可有餘又河工每當大汛不能無險險亦不定生於何處然未有先事而不見萌兆者臣既以核實工作責之廳員當汛復於河干另設一監工局終年駐得力委員於其中巡視兩岸逐處勘估以數萬金爲先時之籌備復留數萬金爲臨險之搶救似乎有險亦無僨虞又河工往年報銷院道庫儲任之凡册籍由廳呈道由道呈院由院奏咨部臣不甚議駁以其悉合則例庫儲之所以挾制上官者在此其所以作弊取利者亦在此究竟所報悉是虚假但求合例不復核實

計每年報銷開支用款二萬數千兩臣去歲改章亦經官吏力以公用爲言提存二萬兩所以暫爲提存者實欲省出此二萬兩再歸入防河工用耳夫臣既不用庫儲一切改易舊轍事事核實則與往年大不相侔即按之工部舊例誠恐亦稍不合仰蒙天恩憐臣之拙信臣之愚臣敢據實報銷不爲劣員劣募挾制而於公家用款實多盈出二萬兩是河防局明定十二萬兩今則添爲十四萬兩以之搶補險工豈非大益此等有裨實用想部臣素識大體維持國計亦必不以臣言爲謬抑臣更有請者向來河督不任修防瑣務故報銷由廳詳道由道加印今則各處工作皆由臣主持緣是遇險先搶往往先辦工而後行文此後報銷擬請專歸臣衙門用印辦理不由道廳轉折既可省費亦易核實惟向例霜清以後全工就閒今則河防局正在委員四出購石買土監工局正在監理各廳廂埽添壩工作正忙用數未定若如往年循例報銷反蹈懸空欺飾之咎必俟年終工役完固石料用定先查細賬次驗工程再爲核實報銷年内時日無幾萬赶不及歷經奏展有案合無仰懇天恩俯如所請展限至來年三四月間再爲辦理以臻周妥並請此後無論何項送部册結圖幅就用臣關防印信以省糾纏而歸核實奉硃批著照所請該部知道

光緒十七年十二月河東河道總督許振禕片奏稱再臣前將河防改章試辦大致就緒現擬核實報銷援案展限繕摺具奏後茲查黄河各廳每年估辦搶修埽工例係動支兩道額徵河銀發辦同治二年經前河臣譚廷襄籌議黄河減工節費章程請變通舊案改用現銀摺內奏明在案嗣後搶修用銀本有定額并不具奏按刷墊加廂埽段原舊丈尺造報將工名段落隨時奏明未經奏明者不准報銷並將用銀數目一律歸入比較覆因黄河搶修工程向係十月咨估來年四月報銷並不具奏工段既經隨時奏明所用銀數列入比較則加廂高深必須列入清單照另案埽工分別題估報銷其搶修工段册仍照常例咨部各等因先後陳奏歷經遵照各在案嗣於光緒十年欽差查減工款案內將兩道徵收河銀不准動用按年解司報部奏蒙俞允欽遵飭辦亦在案所以近年各廳搶修工程均在另案項下通融發辦而本年搶修工程既無款支發自應停辦其照例咨部工段册亦應停止上年臣因遵旨查革河工積弊摺內奏將額款奏添節省防險另案各種名目概行不用擬定歲修額款六十萬兩本年業已照辦工款名目既經議改所有從前奏報另案搶修工名段落土方價銀數各案應請一概免造以符案款照歲修磚埽工加

廂補廂埽護碎石增培土工等款目奏送清單以歸畫一冊庸照另案搶修舊案辦理

光緒十八年河東河道總督許振禕奏稱竊臣前於十六年八月奏定黃河兩岸歲修額款以四十八萬兩概歸七廳赴司支領辦工而另提十二萬兩設立河防局委員監辦撥實開單報銷仰蒙恩准欽遵試辦在案行之一年大致就緒而河流仍在中泓此皆仰託聖主洪福百靈效順臣與在工員弁幸免愆尤無任感戴緣從臣改辦初意實以四十八萬兩爲保常以十二萬兩爲防變論各廳員承辦常工僅限四十八萬似乎竭蹶然非提出此十二萬兩實不足爲防變之資臣知河防關係鄭重而國家帑項亦甚艱難故應極爲愛惜撙節使其涓滴到工以爲先事培補今自改辦以來各道廳咸能兢兢守法料垛多積而銜兩加增埽段多廂而工用歸實已將前弊悉除至河防局則遵照定章不令一錢入門領款即逕送工次或交委員即帶銀上山買石所有另設監工局者不過免其河干露宿有屋棲止得以朝夕相視河流商籌拋石加埽而已至動用夫工銀錢令其將價值實用細數隨時揭示張貼盡人言可畏不如是則難保無造言生事之人亦難保無失算浪費之事有此上下交核弊何從生茲皆尚能勤慎趨公足以仰紓宸廑臣雖從古治

河實無良策若使定一規條可以一勞永逸不復有危險之處及年年節省不至撥鉅款之用則自聖朝垂統二百數十年以來未曾及此而謂臣之庸陋駑鈍敢以是欺飾於君父乎當改章時約有二說其一因裁革浮冒太多衆怨所叢設詞謗毀以爲專擅自用必至潰裂此爲妄圖報復不足計較其一謂河工險變無定何得遽定額款敢任責成恐爲鹵莽之大言未有可恐之實據此爲關切時局尚非泛言然微臣實感激恩隆思圖報於萬一若謂以專擅而甘履危險不顧大咎臣雖至愚亦不出此至謂實心實力實工實用亦遂擲付東流於河務毫無所益者臣亦未敢信也臣總以恪遵聖訓先事預防爲務故不得不愛惜此十二萬兩以爲補偏救弊之用請縷晰言之夫河流遷徙無定南岸告警則北岸必淤推之北岸亦然又推之大江支河亦然凡南岸傾塌則北岸必生沙洲未有能使兩岸無事者此從古如斯也去歲河歸中流臣飭工員加抛柴澤大埽力與水爭始能挑溜遠去遂歸中泓然究竟不敢過挑若過挑則北岸又生大險矣又南北兩岸尚多有將來可畏而必生之險此時不敢動工者蓋平時淺水廂埽築壩一經大溜頃刻即行漂散必待大溜沖散庶可將石料相爭盤壓到底故雖有石料亦不能先期動工也又若

大溜正沖而始報險請款買石購料則往返非月餘不辦其水之淘深已不下十數丈矣搶拄甚難耗費數倍故不得不於平時而籌存石料也凡河防局監工局之設皆以爲此也款不入局則無可侵蝕之地石論勛兩則無可爲侵蝕之物臣之所以敢任責成上對聖明者在此定計每年有險則用此保工有餘則概以買石愚拙之見亦能如此而已今據河防局呈據承辦監工委員等造具報銷册詳請奏咨前來查上南河廳屬鄭中汛修築楊橋順河長埝土工二段共長四百八十三丈共用銀四千九百九十七兩三錢七分六釐鄭州下汛十七堡下首廂做護埽八段共長八十一丈共用料物夫工銀二萬六千九百六十四兩七錢二分滎澤大壩九堡並十一堡拋護石垛二道共長十四丈一尺共用石三千九百九十三方七分共用石方銀二萬七千九百三十九兩九錢二分五釐以上上南河廳屬歲修土埽石共三案統共用銀五萬九千九百二兩二分一釐覆加查核俱係實工實用核與原報數目相符又臣於霜降安瀾摺內會奏請上南中河下南下北祥河五廳各有應行添護壩垛估計需採購山石一萬方交候補通判黃履中承辦當時衛糧報工之稟未到而石方運送遠近之費亦未核定是以僅撥銀五萬數千兩比飭先

河南印刷局印

行購石以免冬乾水涸運送維艱旋奉諭旨著分飭該道廳等認眞防護並令派出之員將上南廳應行採購石方添築埽垛工程限年內一律辦竣毋稍疏懈等因轉行欽遵在案茲據採購石方委員黃履中稟報迅即赴山開採陸續起運計運到上南中河下南衛糧祥河下北六廳共堆成碎石九千九百三十餘方均點交監工委員並各該廳驗收所有不敷銀兩即由臣在四十八萬內提出二萬兩以濟石價訖經監工委員在兩岸各工緊要處所相度機宜分別遂工監拋據各該廳查明造具印冊稟送前來查上南廳屬鄭州上汛頭堡桃園將軍廟迤上拋護石埽一道共長九丈共用石三千五百十三方二分共銀二萬四千八百五十八兩一錢七分七釐中河廳中牟下汛五堡拋護石埽一道共長八丈二尺共用石二千七百八十八方共銀二萬二千一十四兩四分八釐下南廳祥符上汛二十二堡舊二埽迤上拋護石埽一道共長六丈四尺六寸共用石一千四百四十三方二分九釐共銀八千八百六十三兩七錢九分二釐衛糧廳陽武汛十七堡同石埽尾土埽頭拋護石垛一段共長五尺共用石二百九十七方共銀二千二百十一兩四錢六分二釐祥河廳祥符上汛十五堡魚鱗埽迤下空擋拋築石埽一道共長七丈六尺共用

石一千二百十六方共銀一萬一千四百二十五兩五錢三分六釐下北廳祥符下汛二
堡迤下順隄抛護石壩一道共長五丈一尺共用石九百九十四方五分共銀九千九百
四十一兩二分二釐以上六廳抛辦碎石工段共六案計山價歸濟源鞏縣兩地分採不
同其運送各廳遠近船費不同至冬杪水涸另換剝船亦頗加費共用石方銀七萬九千
三百一十四兩四分七釐覆加查核俱係實工實用均與原報銀數相符

河南印刷局印

光緒十八年四月河東河道總督許振禕奏稱竊臣於三月十二日准工部咨具奏東河修防事宜請防流弊一摺並抄錄原奏恭錄諭旨等因咨行到臣伏查原奏稱今年實餘六萬兩來年即可少撥六萬兩不得以歲請額款爲定數此誠慎重帑項之至意也但部臣主於惜費亦必不忘防險微臣則主於防險其實兼寓惜費臣改章一摺請歲額六十萬兩爲數本不寬餘並聲明尋常小險不另請款以臣之愚所以敢任此艱鉅者總以整弱率屬實心實力實用實銷使先事豫防四時有不斷之工作以收曲突徙薪之效去歲試辦之初仰賴聖主鴻福河流順軌爲近年所僅見故臣得以節省款項儘數購石加拋河工積疲已久譬之元氣虛弱之人非漸次培修難資捍禦鑲埽爲一時之計石工爲不朽之基用一錢必有一錢之益而其費先雖較埽工爲特多後實較埽工爲特省惟兩岸應辦之工實屬不少若欲同時並舉不但臣不敢請此鉅款且有必待河溜逼射方可拋石築壩者故非一時所能辦成亦非一時所能盡省也惟冀事機順手逐年節省逐年擴充將來石壩愈多鑲埽日少增卑培薄永固金隄此即臣培養元氣之說也亦即臣節省

經費之策也河流善變自古已然設遇三汛盛漲疊出險工則河防局十二萬兩竭力支持已屬不易若復核減額款臣又安能赤手空拳爲未雨綢繆之計乎設以工款拮据致生意外之虞臣之獲咎固不足惜其如下游數百萬之生靈何此額款萬不可核減之實在情形也原奏又稱河工向有分賠之例應將河防局辦工委員銜名隨時咨部此亦綜核名實之至計也臣竊以銜名之報與否與分賠之例殊不相妨臣所轄黃運兩河文武廳汛升遷調補向無隨時咨報工部之事河防局及監工委員事同一律臣署委札昭然設使咎干分賠一經查取職名斷不能幸逃法網此又銜名之無庸隨時咨部乞部臣稍爲寬假以歸簡易者也總之部臣之意重在守法故於法密之又密而惟恐其疏微臣之意重在任人故於工慎之又慎而必求其穩與其牽義拘文貽誤於事後不若竭誠據實瀝陳於事前臣與部臣愼工惜費之意大概相同雖目前稍有變通而其相與維持防河大局則一也硃批著照所請工部知道欽此

光緒十八年十月河東河道總督許振禕片奏稱再現准工部咨駁覆豫省河防局十七年承辦工料銀數又嗣後工需請歸入比較各摺片恭錄諭旨咨行欽遵查照前來查光

緒十六年改章原奏歲額六十萬兩以四十八萬歸各廳員承辦另提十二萬兩歸河防局籌添料石先事豫防由臣主之原請開單報銷在案令工部責令分案題銷並繪具圖說取具印委切結一併送部查核此爲慎重公款起見在部臣主於守法援引舊例施之於尋常歲辦之工自屬可行而於臣今日所提十二萬之數則似有未明其意者請敬陳之臣愚以爲河工天險恃法不如用人如以恃法論則從來所辦報銷例案工部知之河工亦知之故自每年添款及鄭工報銷之千數百萬未聞其不合例也如以用人論則臣近年來改章從事比年大險橫生亦均次第搶補幸奏安瀾至添料添石固有不盡合例者矣臣於四十八萬之報銷則悉照部章至另提十二萬兩則必開單者此誠有實在情形不敢一字欺飾也原臣設立河防局初意厥有二端一則恐廳員之遇險推諉藉口無錢無料故提此鉅款爲先事豫防之資一則恐廳員之不實不盡故添委官紳爲臨時匡救之用而限此十二萬兩祇准繳悉到工不准絲毫入局並不准於此開支薪水此河南官紳吏民罔不知之即如今歲之得保鉅險就買石一款已用過十一萬數千餘兩其餘則補鄭工金門沈裂之隄總計不過兩事此不能分案題銷者也又多方買石隨處搶堵

險未平則必加抛險已過則即停止此不能繪圖貼說者也且以所用各員而論凡不諳
修守精神稍懈之員隨時斥去至所用本地各紳其身家性命皆在隄下稍不盡心禍且
先及故雖有河防監工名目實則扶助廳員之所不及河防者防各處之險監工者監各
處之工人不一處事無定所板蓬遷轉日在風沙泥水之中旣無呆辦之工即不復頒給
印信又此款十分之九皆付買石責臣可矣於委員監工者無與此不能取具印委切結
者也臣愚陋無知只能據實辦理可否籲懇天恩憫臣才短心誠不以文義相繩俯准仍
照改章原奏河防局十二萬兩歸入據實開單報銷辦理敕部少從寬假之處出自高厚
鴻慈河工幸甚大局幸甚十七年河防局報銷已仿照奏銷成案隨摺另送銷册咨送部
科在案核與具題隨疏揭送部科册結無異再每年河防局工需請歸入比較一層自應
即照部咨辦理合併聲明奉硃批著照所請該部知道
光緒二十年六月河東河道總督許振禕片奏稱再從前黃河一交大汛即迭報險每以
請添款項爲言而各廳所存料物實皆寥寥無幾不足以供修防細推其弊均由層層剝
削所致故臣奏定新章以四十八萬兩歸廳員自赴司庫支領責成各廳工員承辦歲修

諸事核實雖大險不准請添以十二萬兩歸入河防局承領責成監工委員專辦碎石補偏救弊雖局用不准開支行之數年所存料石逐處堆積終年做工故終年無險人人自稱爲寛綽有餘也惟臣此舉甚不便於劣幕蠹吏而於兩道庫官庫吏尤爲觖失脂膏目下庫款不入道庫則道庫所收者僅止各縣報解河夫銀一款而年終即當解司候部提撥因之該書吏復暗行埋伏以爲日久政懈可以乘間冒領故臣於去歲附奏將開歸道庫存記留待彌補之七萬四千兩概行銷除並請勅部立案凡從前河院兩道各廳所存檔册凡有涉往來支發概行銷除凡各衙門所存從前批稟均作爲廢紙在案現在開歸道一律斬斷葛藤而河北道庫復聞暗有存記墊支浮記銀一百萬一千餘兩者此時雖不敢言他日必圖盜竊臣昔曾爲河北道未聞有此且稱爲自光緒十七年起至十九年止歷年臣已來豫何得膽大僞造竟至於此本應嚴辦姑念得自傳聞訪查未有確據且官非一任從寛免行追究今河北道岑春榮到官未久亦請嚴杜積弊臣飭其調查私册概行焚燬仍遵前旨嚴行禁絶嗣後豫省管河各衙門不得復立前後交代名目亦不得揑飾從前墊發名目如敢乘便圖利無論何年竊破即當從嚴參處

河南印刷局印

光緒二十一年奏添榮澤縣廣武山柴芯大壩及搶護民堰埽工添築壩垛歲修銀一千兩

光緒二十三年奏蘭儀縣境老河身內築做攔黃土壩拋護磚石銀二萬六千五十兩四錢五分三釐土方例價銀二錢一分六釐磚方例價銀六兩石方例價銀十兩二錢九分六釐並自戊戌年爲始每年歲修銀五千兩

光緒二十四年於蘭儀縣黃河南岸攔黃土壩上游薛庵一帶搶拋石垛四個銀五千兩

光緒二十五年正月直隸總督咨開據長蘆鹽運使萬培因詳稱奉督院札准河南撫院裕咨開據豫省河工廠料幫價一款專賴各鹽商息銀發辦內兩淮承領本銀五十萬兩長蘆承領本銀四十萬兩山東承領本銀十萬兩按月一分生息遇閏加增其生息銀兩歷年解到無多積欠甚鉅茲委員前往長蘆守提相應咨請查照希即轉飭運司迅將各商欠解新陳生息銀兩勒限嚴追點交委員星馳押解來豫以濟工用等因轉行到司奉此又於同日准河南布政司咨會前因該委員業已到津卷查光緒十一年二月間奉前督院札准戶部咨開議覆河南奏通核豫省司庫出入妥籌解部裕餉銀兩一摺抄錄原

奏咨行遵辦抄單內開蘆商每年實解豫省河工料價生息銀八千兩前因扣還勝餘協
餉每年祇解銀四千兩該撫聲稱現計扣還僅欠銀一千三百餘兩來年可以扣清擬於
前項提出銀四千兩解部存儲一節查此項本係按年該商實解之款今每年專提銀四
千兩解部洵爲核實辦法應令直隸總督轉飭該運司自光緒十一年起將前項解豫銀
八千兩內提出銀四千兩徑由長蘆按年解部無庸再由豫省收到轉交以省周折等因
歷經各前司遵照部議將應解徵起光緒十年至光緒二十二年分豫省料價息銀八千
兩內提出四千兩就近由長蘆徑解部庫抵作豫省裕餉之款其餘銀四千兩發交河南
委員具領管解赴豫交納在案查蘆商應交此項料價息銀從前原係承領帑本各商完
交嗣於道光二十八年欽差王大臣查辦鹽務因原領帑本各商多已參革逃亡款歸無
著將每年應徵料價息銀攤歸通綱按引完交自道光二十八年至今均係現商攤捐名
實久不相符況歷年以來商情艱窘此項息銀係代遠年參商攤賠更難照數清交今奉
札飭歷經本司嚴行催追僅徵完光緒二十三年料價息銀八千兩內提出銀四千兩自
應遵照上屆成案就近由蘆徑解戶部作爲豫省籌解裕餉之款其餘銀四千兩照數點

交河南委員具領管解赴豫交納應請咨明豫省仍以八千兩作收以淸款目其餘各商未完息銀容俟徵有成數再行續解等情相應咨明

光緒二十五年十一月河南巡撫裕長奏孟縣小金隄被衝卸一百一十丈議隨圳加戗一律補齊並在隄外擇要酌抛石壩三道石垛十二個在東河河防歲修節省項下撥銀三萬兩興修奉准

光緒二十五年蘭儀縣薛庵一帶續修土石壩垛並加添人字壩加抛舊石工程方價銀一萬五千兩

宣統元年九月河南巡撫吳重憙奏稱竊查豫省黄河工段綿長昔年祥牟滎鄭決口糜帑千數百萬始克底績自鄭工以後前河督臣許振禕深悉舊弊掃除更張奏明歲修之款額定六十萬兩以四十八萬兩歸各廳專辦歲修工程即於該款內酌提各河署公費以資辦公另設河防局以十二萬兩作爲辦石防險之用切實核發嗣前撫臣錫良因新案賠款數鉅期迫復奏提防河經費十萬兩湊撥應用以四十一萬兩爲歲修費各河署公費仍前支給以九萬兩歸河防局辦石並將工款從嚴裁汰歲歲比較歷有節存臣

上年到任後又於八廳歲修及河防局辦石項下節省銀二萬五千餘兩均經撥還藩庫是豫省河工固已事事核實絕無浮冒二十年來歲慶安瀾從未失事未始非許振禕規定經費工歸實際暨歷任河撫臣實力整頓之所致也議者僉謂未定公費以前豫河時有失事自定公費迄今河工安靜者二十年是修守既有把握款項又不虛糜自應率由舊章未便紛更然當清理財政之際必得剔清款目針孔相符始足以昭核實而垂久遠查歷年報銷仍遵部章程式與實用之款多不相符即十一署公費原定七萬五千兩不敷應用盡人皆知且以此項公費及各項用款悉融銷於辦料之內向未據實造報揆諸事君勿欺之義實有未安臣去年九月抵任後正值部議清理財政之始即欲深究用款與銷案不同之故以定辦法而戊申歲案業已辦定未便議更且非詳查各署各工情形無以悉其底蘊自春徂夏遇事勤求並飭南北兩河道時歷河工悉心稽覈臣復再四考詢始得梗概竊謂清理河工款項必以實報實銷爲第一辦法至所定額款歷經前河臣節次減發已不敷用惟念國計艱難正臣子效忠之日苟有可裁可減即一絲一粟亦所不遺今擬先從臣署將各項支款竭力删減並將全工歲支各款切實酌裁查臣署

河南印刷局印

除支巡撫養廉銀一萬兩外別無津貼向由河工年支津貼銀一萬二千兩自河督歸併撫臣兼辦後將河督養廉銀裁去添支公費銀一萬八千兩又奏銷幕友修金火食酬節禮及文案內委薪水火食暨戈什親兵稽查巡捕稟號書役一切人等共年支銀一萬九千四百餘兩此外別無進款茲擬於以上各款內裁去銀一萬二千兩零又藩司署內向由河工年支津貼銀六千兩房庫書吏年支紙筆飯食銀一千二百三十兩今布政司朱壽鏞亦請將此款悉數裁去至開歸陳許鄭道署支發各款向較河北道爲多今該署道于滄瀾請裁去銀二千三百四十兩又八廳公所經費及他項雜支每年裁去銀六千七百四十八兩並將向年協助各學堂善堂諸費銀二千五百三十六兩一律裁撤飭由藩司另籌撥濟以上每年共裁減銀三萬八百五十五兩零至八廳公費及應用各款業經迭次核減實無浮濫未便輕減致誤要公經此次切實核減之後如無意外工程約計無閏年分每年河工歲修各款共需銀三十三萬三千四百九十餘兩以歲領銀四十一萬計之約餘銀七萬六千五百餘兩應請作爲預備金以爲特別搶險之用並各項不時之需其所餘銀兩每年霜清後即發銀行生息毋庸解歸藩庫以省周折再歷年河工用

餘繳還藩庫銀四十八萬八千七百八十九兩零除奏明動用銀十二萬九千九百五十兩零外歷年奏撥新案賠款山東河工等項動用銀二十八萬一千四百七兩零截至本年八月底止實存銀七萬七千四百三十一兩零亦請作爲特別預備金仍存司庫以爲有備無患之計至河防局所領之九萬兩爲辦石之用尋常搶險皆恃乎此歷年用款之繁簡視乎險工之多寡殊難預計嗣後當切實核發如有所餘亦發銀行生息歸入預備金內報部立案查河工每年截款向以霜清之月爲止現在將屆霜清今年應發各款早經支發未便更張應仍照向章辦理擬自本年十月初一日起悉照此次減定數目核發至每年河工各款報銷擬核開簡明清單奏咨查核免造册結岡說應懇俯念此次清理河工款項係掃除數百年舊習切實核減確定實用之數無有絲毫浮混此後每年報銷請敕下農工商部勿拘成案照單准銷俾料葛一清眞際乃見以仰副朝廷愼重河防綜核名實之至意

宣統元年九月河南巡撫吳重憙片奏稱再臣此次清理河工各款始悉成案相沿歷年報部不但所銷與所用不同並所銷之數與所用之數亦不脗合現當整理財政之際自

河南印刷局印

應破除成例無論何種款項均當和盤托出不得稍有隱匿查河工霜清之後所廂新埽最易見墊每屆冬令動須加廂其時次年新料尚未辦齊驗收照例不准動用不得不將當年舊料酌留剔存以備緩急而免誤工至次年春汛查明如有餘賸即作抵新料將各廳應領料價照扣此項扣存之款每因上年霜清業已截數報銷未便再繳司庫即行發商生息留備特別搶險之用歷年存數多寡不等亦有舊料用盡並無餘存者現在統核存款計存商號銀九萬兩又購存鐵路股票汴平銀四千兩申合庫平銀三千九百十三兩零共存庫平銀九萬三千九百十三兩零此所銷之款多於所用之款而歷年積存銀兩未便繳還司庫之實在情形也如此辦理已成河工習慣雖未奏咨有案臣澈底清查並無弊竇且以各廳用賸舊料作抵新料照扣應領料價尤爲核實辦法未便更張轉滋流弊應請嗣後仍將此項餘款發商生息一併作爲預備金以爲特別搶險之用惟須按年報部以期眉目益清涓滴有著

宣統元年九月河南巡撫吳重熹片奏稱再河工經費關係帑項固已力加撙節以杜虛糜惟任用人員亦宜察度情形畧加體恤以期共奮事功俾收實效查八廳工員雖年支

公費九萬數千兩而所用之款亦甚浩繁如幕友薪修必得從優致送以及熟悉工程之弁丁夫役又必養以厚稍有工之際添派工役偶出險工放價運貲尤無限制凡所開支皆取給於公費之內至料價一項向係各廳包辦每垛三萬五千斤除另給雜料夫工銀二十五兩外准領稭價銀五十五兩不得請益近年火車運麥出境農人種麥者多種秫者少故料價日貴麻藁兩項價亦加增廳員購買時有賠累非量加體恤無以贍其事畜即無以策其事功然因此盡撤範圍准以市價開報恐開冒濫之端應明定辦法如遇料價平和之歲仍照向章辦理儻値料缺價昂應准各廳據實禀請加價每垛仍不得過六十兩之數庶於體恤之中仍示限制之意此項加價銀兩應於豫備金內提用豫河尋常用料每年不過一千垛左右即照每垛加價五兩亦只需銀五六千兩是增款有限而各工員仰體皇仁必當益圖報稱似於工務不無裨益河工營汛終日奔走河干最爲勞苦一遇出險奮命搶堵直以血肉之軀與水相搏性命在呼吸之間是以部章河工搶險與軍營前敵同膺優保而營汛各員弁所有養廉俸薪爲數甚微實無以資溫飽向於歲修土工項下酌量勻給津貼惟人數較多仍屬不敷贍養且非核實之道自應酌盈劑虛明

定津貼之數以清界限而恤勤勞現飭各廳詳查薪津實在數目妥爲籌議應如何酌加之處俟有成議再行奏咨立案似此畧加調劑俾該弁兵等辦公有資無虞竭蹶庶可收羣策羣力之效至河工應用磚石有豫防險工者有臨時搶險者關係均極重要近年以來用石較多山空洞深椎鑿工鉅加之鐵道路工橋工需石尤多價乃翔貴惟燒磚之費較石爲鉅故仍多用石而少用磚然遇工段緊要應用磚石之處仍應分別酌辦未敢惜費誤工惟有嚴飭河防局力求核實並由臣不時遴派廉正之員考求磚石實價如局員稍有浮冒即行據實嚴參以杜效尤而重工款

宣統元年十月河南巡撫吳重憙咨度支部農工商部文開竊照本部院具奏清理河工款項各摺片內有議加營汛文武員弁津貼一條當即札飭開歸河北二道會議去後茲據詳稱伏查營汛各員都守等每年養廉俸薪馬乾等項除減折外實領總不過二百兩協備等每年所領不過百餘兩千把總等每年不過七八十兩分防等兩項則祇二十餘兩俸廉甚微出力爲最文汛廉俸亦祇百兩上下故各廳分給三成土工以爲津貼然猶之則較多分之則見少必須贍其身家然後能用其死力文汛奔走河干同一清苦雖責

在彈壓與奮身作工者稍有區别亦應同邀恩施現考向分土工三成係合一廳文武汛
弁員名數分作十成計營官每人二成汛官每人一成額外每人半成仿此變通酌加似
爲平允統計豫懷兩河營都司守備協備共八員每員擬加津貼銀八十兩共銀六百四
十兩文汛直隸州判以下武汛千總至分防外委等共三十六員每員酌加津貼銀四十
八兩共銀一千七百二十八兩額外外委二十四名每名加給津貼銀二十兩共銀四百
八十兩統計加給營汛津貼每年共需銀二千八百四十八兩至力作兵丁每遇搶險奮
不顧身其危險殆難言狀是以搶護喫緊之際隨時由各廳優加犒賞即院道臨工亦時
有賞賚但所領餉銀戰兵每名每月祇領七成實銀一兩七分有奇守兵每名每月祇領
七成實銀七錢六分零爲數過微平日不足以贍其身家而辦工則以性命與水相搏情
殊可憫現擬一體酌加津貼用示體恤惟通工共計戰守兵丁一千二百五十六名人數
衆多勢難徧及擬專就搶厢力作兵丁酌量加給津貼用資激勵其看守料石巡查隄壩
搜捕獾鼠遞送文報及駐守無工各堡兵丁仍照舊章辦理不另加給津貼以示區别而
昭平允計應加津貼戰守兵丁共五百九十二名每名給銀四兩每年共需銀二千三百

河南印刷局印

六十八兩於伏秋大汛辦工之時分作兩次發給並將兵丁姓名發給銀數隨時榜示咸使周知其向由廳員發給飯食犒賞仍照舊優給以資其生不得以此影射統計兩岸八廳所屬營汛兵丁每年共需加津貼銀五千二百一十六兩至向分三成土工銀六千六十兩仍照向章提給嗣後八廳土工按照七成銀數實估實辦擬俟奉部覆准之後令所加銀兩妥爲區分垂爲辦公定額該員弁等得此津貼益當勤於職守奮力自效實於修防大有裨益等情繕摺會詳前來本部院復查該道等議給營汛員弁兵丁津貼銀兩爲數尚屬無多於體恤用人之中仍寓撙節錢糧之道至辦工兵丁一體加給津貼亦係體恤力作之人鼓勵修守起見自應照准此項銀兩擬請即於歲修餘款內動支每屆霜清核明用數據實開報相應繕摺咨送

宣統二年正月農工商部奏稱竊照道光十五年七月奉上諭嗣後河工奏銷銀數著工部按照所開報銷册逐款勾稽將每年動用各款開具簡明總數於年終彙奏一次以重度支而昭核實等因欽此又光緒十八年閏六月經前工部具奏嗣後河防工需自應一律歸入比較奉旨依議欽此欽遵各在案兹據河南巡撫兼管河工事務吳重憙奏宣統

元年分豫省黃河兩岸八廳歲修河防工需比照上三年節減數目繕單具陳一摺宣統元年十一月十四日奉硃批該部知道單併發欽此欽遵鈔出到部查單開宣統元年分豫省黃河兩岸八廳辦過埽磚土石各工共用銀三十四萬五千三百四十七兩四錢二分七釐比較光緒三十四年分計少銀四萬六千四百六十九兩二錢九分八釐比較光緒三十三年分計少銀四萬七千三百四十兩九錢九分九釐比較光緒三十二年分計少銀四萬九千七百六十三兩九錢七分三釐又河防項下辦過石工共用銀九萬二千二百三十三兩七錢五分九釐比較光緒三十四年分計多銀八千六百九兩六錢九分比較光緒三十三年分計多銀八千二百四十九兩五分七釐比較光緒三十二年分計多銀七千三十二兩一錢五分臣等伏查豫省黃河修防經費經前河臣許振禕奏定自光緒十七年爲始每歲以六十萬兩作爲定額以四十八萬兩歸廳辦工另提十二萬兩爲河防保險之用迨光緒二十八年又經升任撫臣錫良因新約賠款數鉅奏明提存銀十萬作爲賠款之用每歲支銀五十萬兩作爲定額以四十一萬兩歸歲修以九萬兩專辦石工歷經按年報銷有案今據該撫奏稱宣統 元年黃河兩岸歲修埽磚土石各工共

用銀三十四萬五千三百四十七兩四錢二分七釐內除採割隄葦草刀工銀五百六十二兩五錢七分一釐向由河防另款項下支發外實動用司庫歲修額款銀三十四萬四千七百八十四兩八錢五分六釐又河防項下拋辦石工動用司庫銀九萬二千二百三十三兩七錢五分三釐臣等逐款勾稽動支銀數相符擬准如所請辦理至原奏內稱歲修節省銀六萬五千二百一十五兩一錢四分四釐應發銀行生息作爲河工預備金以備緩急之需及石工項下不敷銀二千二百三十三兩七錢五分三釐由歷年餘存備防項下動用應由該撫報明度支部查核其是年兩岸八廳河防辦過各工奏銷銀數由臣部另摺核覆具陳再豫河工需用款向係比較上三年數目報部核覆現經該撫將每年刪減定數目核所有比較上案一節嗣後應照依臣部會同度支部議覆無庸循例奏報以省繁牘合併聲明

宣統二年度支部農工商部奏稱內閣鈔出河南巡撫吳重憙奏清理河工款項切實裁減核定數目一摺又奏用人購料籌議營汛津貼及分別採辦碎石一片又奏河工歷年報銷餘存款項發商生息一片宣統元年九月十四日奉硃批該部議奏片二件併發欽

違到部當經臣部電催該撫行取詳細清單去後剛准該撫將立案清單津貼數目先後咨送臣等伏查豫河各工自光緒十六年前河督臣許振禕奏定歲額六十萬兩每年節省自四五萬餘兩至八九萬不等實祇用五十餘萬兩二十七年前撫臣錫良始於六十萬額款內奏提新案賠款銀十萬減爲歲額五十萬兩近年每屆仍節省二萬數千兩實祇用銀四十七萬餘兩至於各項公費河臣許振禕雖有督撫等十一衙門擬請以七萬五千金作爲定額之奏而歷屆報銷祇有稭料與土方石方碎石三項從未將公費列入開支是該撫所謂融銷之弊已屬顯而易見今就原奏各摺片詳細稽核每年總數係仍照五十萬額款計算除磚石支用九萬外其餘四十一萬兩據稱核實開支每年辦公購料共需銀三十三萬三千四百九十餘兩約可盈餘銀七萬六千五百餘兩查該撫咨送預算清單各廳物料夫工共銀八萬四千六百六十六兩六錢六分六釐土工共銀一萬零二百兩公費共銀九萬九千四百兩撫署行政費銀三萬七千四百九十兩開歸道署銀二萬五千一百七十七兩河北道署銀二萬二千四百七十二兩八錢雜支銀四萬四千零八十六兩聲明內有計閏之款遇閏照加統計歲需銀三十三萬餘兩爲數不爲不

鉅而用於土方稭料者乃轉寥寥無幾未免工料少而經費多惟積弊相沿已非一日臣部清理財政原奏亦經聲明既往之弊不加追究查出之款仍可留存等因奏奉俞允通行遵照在案今該省河工既據該撫於隨溜等款裁去銀三萬餘兩又將歷年積存稭料變抵銀九萬餘兩和盤托出尚係遵照臣部定章辦理所有豫算支用各款並俟本年十一月實行之處應請暫行照准其稭料翔貴之年每垛至多加銀五兩據奏每年不過五千兩營汛員弁兵丁分別給與津貼據單開每年共銀五千二百十六兩亦請暫行照准至河工節省向繳藩庫此後新章每年節省銀七萬六千五百餘兩並辦石餘款請作爲豫備金發銀行生息又原存藩庫節省銀七萬七千四百三十一兩零請作特別預備金仍存司庫歷年已銷未用舊料變抵銀九萬三千九百十三兩零並以後此項餘款請仍發商生息均暫准如所奏辦理惟前項節省銀兩仍應各歸各案按年將收支數目分晰造册報部即有特別工程亦應先將估需銀數詳細咨部以憑核辦其司庫歷年節存四十八萬八千餘兩一款除十二萬九千餘兩係屬奏明動用外其餘二十八萬一千餘兩臣部並無該省咨報提用案據清單內亦未敘明年月且河工額款已提新案賠款十萬

何以節省款內又復頻年湊提該款本爲豫河經急之需何以又作東河之用應飭藩司查明原案並將歷屆提款報解各項卷宗全行鈔錄彙造一册送部備核河工各該廳局應造報告清册並令遵照定章將光緒三十四年分調查報告彙送清理財政局呈部辦理至每年報銷請免造册結圖說之處農工商部查向例河防用款每年於霜清後撮其總數併比較上三年數目一體開單奏報由臣部稽核覆奏現據該撫將所用工款核實刪減自可無庸比較惟每年核覆數目總以此次奏定銀三十三萬三千四百九十餘兩爲斷其河防局所領九萬兩專爲辦石之用自應仍遵舊案辦理至請免造册結圖說一節查臣部核銷工款向以磚石土方工價爲衡今該撫奏稱照單准銷免造册結圖說不但無從考核亦恐別滋流弊嗣後每年歲搶修工程應造册結圖說擬令改用表式將所用工料丈尺做法詳細開列仍取具印甘各結隨案咨送並嚴飭開歸河北二道認眞督辦力求撙節仍須於工竣奏報後將所填表式印結一併隨案送部以憑核辦恭候命下即由臣部行知河南巡撫遵照辦理

論曰河工經費屬於平時者曰歲修曰搶修曰另案屬於臨時者曰大工歲搶修有定額

其有不敷而專請者則爲另案另案雖無定額而仍爲歲款故必列三年比較之數大工合龍事非恒有睍役之難易爲斷不入比較者也又有津貼幫價專案提撥節省諸名目其他瑣細者倘多不足縷舉惟河夫銀兩爲專款餘則皆撥自藩庫大工則皆屬於部撥故其爲目往往不同或隨事而爲之名而綜其大要則歲修搶修另案大工四者而已實則另案即搶修之不敷者而另案搶修皆爲歲款雖三仍一則平時者歲修也臨時者大工也河隄之役初沿明故出之於徭者居多發帑蓋無幾故順治初封邱金龍口大王廟之決總河楊方興塞之工六七年始竣費銀不過八十萬而六十餘萬捐之於民歲修如派夫如柳束如運料更强半資之民力每年且有協濟南柳南銀之事至雍正之時徭之裁免者已多矣然每歲搶修之費不過五萬兩左右而普律加幫大隄所用亦不過五十餘萬自是而後設官既多河事日棘費乃頓增然乾隆時大工雖有用銀至二千萬者其役蓋絶大兼徙隄徙城非後之僅僅合龍一事可比而黄沁兩河歲搶修之額豫撥自司庫每年僅七萬兩合之河夫銀兩諸款當亦不逾十萬兩左右嘉慶時歲搶修之款始也三四十萬自十一年以後乃增至一百餘萬雖不逮南河歲款三百萬之鉅然亦足駭詫

矣咸豐時三銀七鈔以軍興之際本非定制至同治時以二十萬爲歲額然奏請添撥初則每年無慮二三十萬至八年以後歲額添撥兩者並計恒至六十餘萬或乃有八十餘萬者故光緒時有六十萬之額定大工合龍最後者爲光緒時之鄭州其款乃至一千三百餘萬視道光時之中牟大工又過之然鄭工牟工皆南岸未可援北岸之工並論其數固未減也邵陽魏氏嘗言河費矣曰靳文襄承明季潰敗決裂之河八載修復用帑不過數百萬康熙中堵合中牟楊橋大工不過三十六萬其時全河歲修不過數十萬金蓋由河槽深通而又力徵之役沿河協貼物料方價皆賤工員實用實銷故工大而費省乾隆四十七年蘭陽青龍岡大工三載堵閉除動帑千餘萬外尚有夫料加價銀千有一百萬應分年攤徵其時帑藏充溢破格豁免而自後遂沿爲例攤徵僅屬空名每逢決口則沿河商民且預囤柴葦倍昂錢值乘官急以取利是爲一大竇然乾隆末大工雖不派夫而歲修搶修另案兩河尚不過二百萬及嘉慶十一年大庾戴公督南河奏請工料照實價開銷其所藉口不過一二端而擴及全局於是歲修搶修頓倍歲修增而另案從之名爲從實開銷而司農之度支益匱是爲二大竇魏氏之言既然然河患頻數民力有限攤徵

河南印刷局印

不過虛存其名於實無補隨時觸緩與爲休息德意至深所以至咸豐時乃永免加價銀矣時價開銷亦不得不然之事民生日蹙物力日嗇乘急取利又非令所可禁當乾嘉之時已難比康雍之例價況在道咸以後乎故如土料諸價或一倍以至數倍不等豈皆出於浮冒哉時有不同耳然則費之屢增而未已也烏足怪哉故奉新總河之請以六十萬爲定額也舉歲修搶修另案一切駢指枝拇之足以淆惑視聽者槪掃除之而納之於一固亦窮則變變則通之道也今取河南布政使司光緒十三年五月所列關於東河收支各款一一著之以見改章之所依據計收款河督朋建大建每月銀四十三兩三錢六分小建每月銀五十六兩九錢二分四釐河督曠俸曠廉無須河夫銀兩三萬八千七百二十七兩四錢九分五釐支款歲料例價銀十七萬三千七百八十四兩添撥節省防險銀二十五萬兩各河廳歲料幫貼銀一萬六千三百五十兩河內武陟二縣歲修沁隄工料二萬四千兩河督養廉銀六千兩河南省照半除軍需三成及扣平實支銀一千九百七十四兩開歸陳許道養廉除軍需二成扣平及攤捐實支銀二千四百四十三兩四錢三分九釐彰衛懷道養廉除軍需扣平及攤捐實支銀二千六百五十兩四錢上南下南祥

河下北黃沁衛糧中河七廳同知通判養廉除軍需一成扣平及攤捐共支銀四千餘兩懷豫二河營官十九員戰兵一百四十四名守兵一千一百一十二名俸薪馬乾餉米除朋建減平及暫停三成實支銀一萬四千八百六十一兩三錢三分六釐河營官弁養廉額支銀一千八百二十三兩五錢按七成支發各汛埽夫沁河長夫工食銀四百二十兩南岸鄉徭堡夫工食銀三百餘兩其中惟歲料例價各河廳歲料幫費經欽差查辦核減河夫銀兩由南北兩道撥歸司庫非十年前之舊制河督養廉仍以六千兩爲額非道光後一萬之數或加廉不由豫支乎而河夫銀兩自十五年始則仍留工爲添辦磚石之用不復撥歸司庫至六十萬歲額則專屬之黃河修防凡沁隄工料與黃沁兩河官弁兵夫養廉俸薪馬乾餉米工食皆不在內蓋河勢無恆苟無備禦不虞之需以應變於臨時則必至搶攘而無策往者皆險工既出總河專疏上陳待報可始能得款失事大半由此久遠者不必言同治時之滎工則軍興後款乏之故也光緒時之鄭工則查辦後費減之故也迨其漫決則所費者視所減者以千百倍計之而未足以償至是而悔之亦無及矣故奉新總河之奏請改章也明定發款之期使辦料不至後時而辦工不至乏用復歲有所

河南印刷局印

餘以待一旦自是以來遂無河患後雖減款十萬改屬新案賠款固是移緩以濟急要亦夙儲之已充不然以錫公之淵識偉抱又豈肯孟浪出之嗚呼臨渴掘井之爲固非人定勝天之計矣

雍正三年正月河道總督齊蘇勒奏河南武陟縣地方建造龍王廟告成頒御書匾額

乾隆十六年頒給河南武陟縣沁河神廟御筆靈源利濟匾額

乾隆二十六年命於楊橋工所建河神祠

乾隆四十四年四月命於祥符漫口施工處所建河神廟並發白玉璧一件撰擬祭文一道著阿桂等詣現作壩工河岸虔誠致祭

乾隆四十五年二月諭據阿桂奏銅瓦廂風神廟於開放引河之先曾申虔禱因連獲順風掣溜全黃復歸故道顯有默相之功並懇頒發御書匾額以昭靈績等語著照所請銅瓦廂風神廟御書匾額另行頒發用答神貺

乾隆四十五年二月諭據阿桂等奏豫省河神最靈驗者爲靈祐襄濟大王本姓黃河南偃師縣人從前已受敕封振爲修墳種樹並請於其子孫中賞給奉祀生一人著照所請靈祐襄濟大王交該撫榮柱於其子孫內擇一人作爲奉祀生世傳勿替

乾隆四十五年三月以儀封河工合龍命建碑於陶莊河神廟御製記文曰河之復也以

隄合龍隄之合龍也以天祐神助然天之祐廣大精微不可以一二事舉亦不可以一二日期神之助則有可以顯示昭靈事舉日期者此義已見於丁酉陶莊河神廟之文而今復有顯示昭靈響應底績之既是不可以不記儀封決口之築移金門開引河歷以年餘迄未成功亦無別法於舊多仍爲大開引河圖掣溜歸壑之爲及今春二月阿桂等始有十一日兩壩自行合龍隨填壓茭土不逾數刻金門立見斷流俟十分穩固即馳報合龍之奏未數日而合龍之奏果至然所謂自行合龍之語不解何謂茲阿桂以善後大局已定來行在復命細問之乃稱二月十一日儀封漫口未合龍以前金門尚闊三丈水深十一丈餘至午時忽報順黃南壩沈墊驚往勘視則南壩埽根全勢向北移走陡與北壩接連時金門水面深祇一二丈爾時見機可乘隨將合龍稭料赶緊填壓不三四刻已見斷流而埽底亦無翻花過溜若非南壩向北沈墊移走則三丈口門下埽合龍非兩三日不能完竣今機緣巧合因敗爲功以兩戰之勤劬收功片刻實由至誠感召天和河神默相非人力所能到更非在事諸臣所敢望云云自前歲河決後予無日不叩天禱神冀速合龍以祐蒼生昨初十日渡黃於香柵及陶莊河神廟更益竭誠默籲而十一日遂有兩壩

自行合龍黃流順歸故道之事此豈非天祐神助前記所謂適逢其時者歟及蒙庇蔭合
答麻祉予惟虔鞏孜孜日甚一日永祈安瀾之錫儀封台龍虎已命建廟答貺當別有記
而此陶莊實予竭誠蒙祐之所因命樹碑紀實親書泐石一如前建廟之例
乾隆四十八年三月諭曲家樓漫口要工合龍全賴河神默佑即照阿桂等所請將惠安
祠鳩工重修以肅觀瞻而昭妥侑候朕親書匾額詩句發往懸挂用酬靈貺
乾隆四十九年十一月睢州漫工合龍命建河神廟御製蘭陽睢甯新隄南岸河神廟碑
記曰中州河神廟之建於北岸者二曰武陟曰蘭陽建於南岸者一曰中牟皆以禦災捍
患有功德於民而崇祀者也茲蘭陽睢甯之間新隄南岸復建河神廟者何乾隆四十九
年秋八月河決睢州下汛二堡命大學士阿桂馳往會同兩江總督薩載南北總河李奉
翰蘭第錫河南巡撫何裕城五臣會勘詳議築塞並選帶南河熟練河工員弁赴豫俾資
調遣嗣據奏請改築南隄並開挑引河自蘭陽至商邱長一百四十餘里朕按圖審勢復
命向北展寬引河因即取土築隄爲一舉兩得之計阿桂等遵旨督辦冬十一月引河成
初五日啟放掣溜通暢至十四夜東壩陡向西蟄直抵西壩底埽遂乘勢鏟厥至十七日

金門旋即斷流天然合龍全河大溜盡歸引河是役也天庥神佑與庚子年儀封之天然合龍正同在事文武員弁以及遠近士民觀者無不踊躍歡抃額手稱慶以爲非河神嘉祐不及此也夫神之靈盈天地間臨之在上質之在旁昭布森列無所往而不在而人之依於神將以邀福致敬冀遂其瞻仰祈禱之私者則非特建崇祠無以昭靈貺達孚誠爰命阿桂等度地於蘭陽睢寧新隄南岸適中之處鳩工庀材鼎新廟貌就南岸者所以別於北岸也蘭陽睢寧之閒者所以別於武陟中牟也當睢州下汛之初決方以漂毀田廬爲亟且以稽工曠日爲慮蓋自始事以迄成功予之晝夜齋心默禱無可言喻凡賑助撫恤和估加價不靳千百萬帑金以拯濟我災黎而在事諸臣之竭誠襄事與我民之奔走役作子來恐後實亦不遺餘力是以昨冬合龍誌事詩云天然忽報合龍信神祐應憐衆力殫蓋不敢謂予之盡心於民而實神之篤眷於予也且豫省頻歲不登自昨冬睢工合龍後今歲夏秋來連獲甘霔晚禾補種秋苗長發轉歉爲豐是神之篤眷於予實神之保乂吾民也繼自今亦惟虔鞏孜孜永祈安瀾之錫以與吾民邀福於無疆耳廟工成遂書緣起以勒於石

乾隆五十三年七月命河東工次建黃河神廟春秋致祭載入祀典

嘉慶九年七月命降調戶部右侍郎額勒布駐豫專辦河神廟工

嘉慶二十四年諭朕於嘉慶十七年六月間因大內及御園向來供奉水府諸神特命兩江總督百齡於祀典內天后惠濟龍神封號神像敬謹繕錄纂繪並將清江浦殿宇規制繪圖貼說進呈於御園仿照建蓋以安神靈隨時瞻禮爲民祈福本年九月黃河南岸睢州下汛忽有漫口之事朕心方以建祠展祀以迓神庥豈誠意未孚不能上邀鑒祐當飭在工各員赶緊堵築旋以滑縣教匪滋事密邇睢州不能不暫停工作直至十九年大汛後始再議興工此一年內黃河由漫口經行數百里澄清後灌入洪湖暢出清口直達尾閭將一路河身全行刷滌深通自此以後睢工既合閱今數載軌順瀾安民生永奠此實轉禍爲福神力幹旋有不可思議者朕仰承福庇歲時展禮倍切誠恭茲特敬述祐助之靈宣示中外著將此旨發交河南勒之貞珉俾大小工員同知欽感虔修祀事永荷平成

道光二十一年八月諭牛鑑片奏省城西北角以至西門赶緊作挑水大壩以資抵禦等語河南省城屢次危險獲保安全該撫虔祀河神大溜劃分兩股離城身五六尺得以搶

河南印刷局印

築完固此皆仰叨神祐曷勝寅感著發去大藏香五炷交牛鑑祇領敬謹祀謝

道光二十二年二月祥工合龍發大藏香十枝總河朱襄赴工次各處河神廟祀謝並勤項建造廟宇封號匾額另頒

光緒七年閏七月河東河道總督李鶴年河南巡撫涂宗瀛奏稱竊查河南歷祀河神省城內外均有大王專廟而各將軍多係附祀且名位未能全列伏念大王將軍久著靈應近數十年來河工遇有險要無不顯示化身周歷保衛立即轉危爲安已卯夏秋黃河兩岸異漲頻仍險工疊出下南廳十七堡尤屬岌岌幸各將軍隨同大王化身擁護衆目共睹用致悍溜外移搶辦月餘卒臻底定在工官弁民夫同深抃舞僉議建廟省垣以彰靈貺臣等爰率南北兩道暨各廳員公議於省城捐廉倡建總廟奉祀歷著顯應功績最崇之陳九龍將軍曹將軍楊四將軍三位均塑像昭示其曾受封號事蹟有稽姓名可考者共六十一位俱爲人心所繫衆口交傳亦皆刊刻神牌列祀計經始於升任廣東按察使前開歸陳許道倪文蔚現在工程告蕆廟貌已隆據鹽運使銜開歸陳許道任愷二品銜彰衛懷道陳寶箴呈請具奏前來臣等伏查七政之齊星辰隨日月而成曜四從之設風

雲合寄祭以立壇茲豫省倡建河神各將軍總廟洵足以彰助順而式馨香合無仰懇天
恩俯准將豫省將軍廟列入祀典春秋致祭並賞賜匾額懸挂以肅觀瞻而順輿情
光緒七年閏七月上諭李鶴年等奏新建將軍總廟請列入祀典並頒匾額一摺河南省
城內外向於大王專廟附祀各將軍名位歷著靈應每遇黃河險工疊出均獲轉危爲安
茲經李鶴年等於省城捐建將軍總廟奉祀陳九龍將軍曹將軍楊四將軍暨各河神現
在工程告蕆著南書房翰林恭書匾額一方交李鶴年等敬謹懸挂以答神庥餘著照所
議辦理該部知道欽此
匾額字樣係百流歸德

順治三年敕封顯佑通濟金龍四大王

康熙四十年加封金龍四大王爲顯佑通濟昭靈效順金龍四大王

按會典事例載於三十九年東華錄載四十年正月禮部議復河道總督張鵬翮請加

賜河神封號得旨是題請在三十九年加封實在四十年

乾隆二十二年加封金龍四大王爲顯佑通濟昭靈效順廣利安民金龍四大王

嘉慶二十五年加封金龍四大王爲顯佑通濟昭靈效順廣利安民惠孚金龍四大王廟

祀河南省城

按順治三年敕封廟祀江南宿遷縣乾隆二十二年加封建廟於江南徐州府至是河

南始廟祀

咸豐二年加封金龍四大王爲顯佑通濟昭靈效順廣利安民惠孚普運金龍四大王

咸豐四年加封金龍四大王爲顯佑通濟昭靈效順廣利安民惠孚普運護國金龍四大

王

咸豐七年加封金龍四大王爲顯佑通濟昭靈效順廣利安民惠孚普運護國孚澤綏疆

金龍四大王

同治二年加封金龍四大王爲顯佑通濟昭靈效順廣利安民惠孚普運護國孚澤綏疆

敷仁金龍四大王

同治四年加封金龍四大王爲顯佑通濟昭靈效順廣利安民惠孚普運護國孚澤綏疆

敷仁保康金龍四大王

同治五年加封金龍四大王爲顯佑通濟昭靈效順廣利安民惠孚普運護國孚澤綏疆

敷仁保康贊翊宣誠金龍四大王

同治七年加封金龍四大王爲顯佑通濟昭靈效順廣利安民惠孚普運護國孚澤綏疆

敷仁保康贊翊宣誠靈感輔化襄猷金龍四大王廟祀封邱縣

按本年三次加封

同治八年加封金龍四大王爲顯佑通濟昭靈效順廣利安民惠孚普運護國孚澤綏疆

敷仁保康贊翊宣誠靈感輔化襄猷溥靖德庇金龍四大王

按本年兩次加封

光緒元年加封金龍四大王爲顯佑通濟昭靈效順廣利安民惠孚普運護國孚澤綏疆敷仁保康贊翊宣誠靈感輔化襄猷溥靖德庇錫祜金龍四大王

按先於同治八年奏准金龍四大王加封已至四十字嗣後即以四十字爲限續有靈應由各該督撫另行酌辦本年奉旨照同治十一年加封天后成案辦理即奏准於四十字之外再加封以示優崇

光緒五年加封金龍四大王爲顯佑通濟昭靈效順廣利安民惠孚普運護國孚澤綏疆敷仁保康贊翊宣誠靈感輔化襄猷溥靖德庇錫祜溥佑金龍四大王

會典事例

謹按神謝姓名緒宋末浙人行四讀書金龍山宋亡死節爲河神明始封金龍四大王

金龍四大王傳 徐渭

王姓謝名緒宋會稽諸生晉太傅安之裔祖達父某有兄三人曰紀曰綱曰統王最少行第四居錢塘之安溪後隱金龍山白雲亭素有壯志知宋鼎將移每抗慨憤激甲戌秋八

月大雨天目山頹王會衆泣曰天目乃臨安之鎭苕水長流昔人稱爲龍飛鳳舞今頹宋其危乎未幾宋鼎移王晝夜泣語其徒曰吾將以死報國其徒泣曰先生之志果難挽矣歿而不泯得伸斯志將何以爲驗曰異日黃河北流是予遂志之日也遂赴水死時水勢高丈餘洶洶若怒人咸異之尋得其尸葬金龍之麓立祠於旁元末我太祖與元將蠻子海牙戰於呂梁元師順流而下我師將潰太祖忽見空中有神披甲執鞭驅濤涌浪河忽北流遏截敵舟雲動顛撼旌旗閃爍陰相協助元師大敗太祖異之是夜夢一儒生披幃語曰余有宋會稽謝緒也宋亡赴水死行間相助用紓宿憤太祖嘉其忠義誥封爲金龍四大王金龍者因其所葬地也四大王者因其生時行列也自洪武迄今江淮河漢四瀆之間屢著靈異商舶糧艘舳艫千里風高浪惡往來無恙僉曰王賜敬奉弗懈各於河濟建廟以祀報賽無虛日九月十七日爲其誕辰祭賽尤盛非王忠義之氣昭昭耿耿光融顯赫而能然乎嗟夫宋社既屋於今已數百年矣銅駝荊棘故宮茂草而王之神靈獨磊磊落落常在天地間生而忠義歿爲神明與文山疊山諸公並垂不朽可也宋末謝皐羽嘗爲文丞相客丞相殉國皐羽每哭之慟竟死其忠至今猶傳誦之王之忠義不減皐羽

而姓氏湮没行事尤不概見其敬畏而奉祀之者徒以其爲江河之神於風濤洶湧中死生呼吸仰其庇祐而然耳夫豈知其忠義而崇奉之歟余故表而出之俾奉祀者得有所考云

金龍山聖蹟碑　陳 樾 撰

謝公緒會稽諸生居錢塘安溪謝太后姪也三宫北行公投安溪死門人葬於鄉之金龍山明太祖呂梁之捷神顯靈遂敕封金龍四大王立廟於黄河之上余修錢塘邑志補入忠節傳

河神傳按語

王於前明天啟年間從總漕蘇茂請加封護國濟運龍王通濟元帥國朝順治二年十里河清兩隄克奠河督楊公方興題請特封顯佑通濟金龍四大王康熙三十九年海口疏通濟運神速河督張公鵬翮題四十年正月加封顯佑通濟昭靈效順黄河金龍四大王康熙六十年御題匾額各工在在立廟春秋二仲並九月十七日誕辰官爲致祭

按徐氏作傳謂神爲謝文靖裔而陳氏聖蹟碑謂爲謝太后姪語本兩不相謀惟雍正

五年總河齊蘇勒修建金龍四大王廟宇疏內稱金龍四大王姓謝名緒係浙江錢塘縣下墟里人爲宋室戚畹靈節成神因其靈顯歷加封號其墓即在下墟之金龍山內子孫聚族其下世守勿替前有裔孫生員謝胡端以先神祠墓僻處山鄉歷年久遠在在傾頹呈請捐修云云齊疏當本自謝胡端之言胡端之言必本自家乘則陳氏之說信矣宋理宗謝皇后爲宋丞相謝深甫之孫女而宋史深甫及后傳皆不言系出文靖徐氏之說不知何所依據謝后傳父渠伯諸父擇伯皆深甫之子也兄奕深甫孫也姪堂暨墍深甫曾孫也史以篇第爲義故深甫傳不列子孫名以已見后傳也而徐傳所謂祖達者即渠伯擇伯昆季行也兄紀綱統者即堂暨墍昆季行也似於后非近支故無位於宋以諸生終要之徐氏不言后宗實爲疏略而齊疏所稱錢塘下墟里人則以所居所葬地爲本貫亦非也至河神傳按語謂順治時封昭靈效順康熙時加封顯佑通濟與會典事例東華錄皆不合加封之字斷不能居始封之上可決其爲誤

乾隆三年敕封靈佑襄濟黃大王廟祀河南陳留縣

嘉慶二十五年加封黃大王爲靈佑襄濟顯惠黃大王

道光二十九年加封黃大王爲靈佑襄濟顯惠贊順護國黃大王

同治二年加封黃大王爲靈佑襄濟顯惠贊順護國普利黃大王

同治四年加封黃大王爲靈佑襄濟顯惠贊順護國普利昭應黃大王

同治六年加封黃大王爲靈佑襄濟顯惠贊順護國普利昭應孚澤綏靖溥化黃大王

同治七年加封黃大王爲靈佑襄濟顯惠贊順護國普利昭應孚澤綏靖溥化宣仁黃大王

按本年三次加封

同治八年加封黃大王爲靈佑襄濟顯惠贊順護國普利昭應孚澤綏靖溥化宣仁保民黃大王

同治十一年加封黃大王爲靈佑襄濟顯惠贊順護國普利昭應孚澤綏靖溥化宣仁保民誠感黃大王

光緒元年加封黃大王爲靈佑襄濟顯惠贊順護國普利昭應孚澤綏靖溥化宣仁保民

光緒五年加封黃大王爲靈佑襄濟顯惠贊順護國普利昭應孚澤綏靖溥化宣仁保民

誠感　黃大王

按會典事例於本年加封乃重複誠感二字而敕封河神傳既無本年加封之字並同治八年所加宣仁封號亦遺漏查本年金龍四大王與黃大王同加封號河神傳成書於光緒七年於金龍四大王已列溥佑封號即本年所加者是以接到部咨其不複列誠感者或亦存疑之意與然直若未加封者亦復非是茲從闕文空二字以著加封之案且免複列之疑

會典事例

謹案神黃姓名守才偃師人生著靈異歿爲河神舊祀陳留縣曲興集名曰大王壇雍正十二年建廟賜名溥仁觀

池北偶談記黃大王事王士禎

黃大王者河南某縣人生爲河神有妻子每瞑目久之醒輒云適至某地踢幾船好事者以其時地訪之果有覆舟者皆不爽李自成灌大梁使人劫之往初決河水輒他泛溢不入汴城自成怒欲殺之水乃大入始賊未攻汴一日黃對客慘沮不樂問之曰賊將藉吾

水灌汴京奈何未幾自成使果至黃至順治中尙在

黃大王傳 黃大成

王諱守才字英傑號對泉姓黃氏河南河南府偃師縣人其先世居晉洪洞遭紅巾亂遷偃越數世生王王生爲明神多著異績謹述數條以誌其略

王生方歲餘幼兄相攜束阡嬉戲失足墜井兄啼泣歸告率家人往觀王在井坐水面上兩手拍拚嬉笑無恙男婦見者喜躍駭異因共出之遠近相傳以爲神

王三歲父母俱逝育於母舅劉王六歲隨舅在船偶觸舅怒舅叱之王投洛流深處舅急倩人撈救不得衆多怨舅者舅愧恨拯求自辰至申臨流雪涕忽見王從里許水中出衣孺不濡

王七歲浴伊水浦捕野鶴乘之飛登緱山巔徘徊良久復駕野鶴歸浴所鄉人聚觀焉

王十二歲隨舅船抵廢城張家樓時有糧船二百艘阻沙不能動運糧官吳夜夢金甲神告曰明午有活河神姓黃者至此其相貌若何年齒若何届期王至相貌如夢中所聞糧官拜懇誠至王書黃紙焚水濱須臾風起沙退船行王併爲預示前途行止遲速厥後悉

河南印刷局印

如王言此活河神之稱所自始

王二十四歲遊天台山時天旱泉竭農民告艱王指地開取泉水一曲至今利賴

王三十四歲伊洛交溢漂沒村舍邑令登門求退水之策王手一指河水立退官民感德

因建廟油房莊

王三十六歲㭍圖河口商人失金急流尋之不得幾欲自盡人令求王指示其處金果全

獲無有遺失

王三十九歲流寇刦掠將抵洛佀居民咸恐荷擔而立莫知所向王令避河北樓子營男

婦數萬趨之後果無事

王四十二歲封邱金龍口潰水北流糧道淤塞工部侍郎周公堪賡治之費金數十萬無

補親身赴偃敦請王至乘舟使人持柳條數枝插決口三日後水歸故道糧道遂通

王四十三歲流寇決河灌汴京水浸城不沒者三尺王急攜周王出城送南京卯時起程

巳時回偃計三時往還六千里

王在家閒居同里王可久子方四歲臥道傍忽氣絕久慟哭適王至視之日無恙用手拂

之即甦

每歲十二月十四日王壽辰男婦來祝甚夥王袖梨棗諸果酬之常以一袖之果應千萬人而不窮

順治二年金龍口衝開欽命工部侍郎修之限二月工竣費萬金未告成聞王名遂檄魯邑令敦請求策王至令點河夫內有一人名黨仹者王留之曰是人將爲神命送百金於其家擢黨仹於埽中入水少頃見一藍手如箕出水面官民怖恐請王視之叱曰封汝將軍之職隨班侍直手即隱隄工告成

順治七年懷慶府沁河溢石隄將頹官民大恐守道佟總鎭麻檄邑令劉敦請王不就道但賜黃符一張命焚水濱波濤頓息

順治八年杞縣大旱吏民赴偃敦請王至沐手焚祝頃刻甘霖大沛縣人特爲建廟

順治十年啼家口南山密林中有龍爲蛛所敗蛛絲如繩縛龍林木上適王至龍向王乞哀王用火焚絲龍得騰去王家居問事者甚衆惡煩避居潁川常至夜往來於家人見之非乘虎即乘鹿及叩王笑而不言

王居偃周王居汴東西相距三百餘里時遣官召王入每見王騎一物有爪無角似龍似蟒瞬息即到不愆其期

王處荒年常濟饑賑貧但用蒸食一包散千萬人無不足

王幼失怙特未讀書迨四十後於書無所不通儒生求講經書者王皆爲開發大義微顯闡幽多註家所未到於是四方請業屨滿戶外

王生萬歷三十一年十二月十四日卒於康熙二年十二月十四日世壽六十二歲卒後屢顯靈佑乾隆三年三月二十五日河臣奏請祀功奉敕封靈佑襄濟

乾隆四十五年諭據阿桂等奏順治年間總河朱之錫功著南豫二省殁爲河神屢著靈應可否特賜位號著交禮部酌擬位號候朕親定欽此遵旨謹擬位號字樣進呈奉旨封

前任總河朱之錫爲助順永寧侯

嘉慶二十五年加封助順永寧侯爲助順永寧佑安侯

同治元年加封助順永寧侯爲助順永寧佑安顯應侯

同治四年加封助順永寧侯爲助順永寧佑安顯應綏靖侯

同治五年加封助順永寧侯爲助順永寧佑安顯應綏靖昭感侯

同治七年加封助順永寧侯爲助順永寧佑安顯應綏靖昭感護國孚惠侯

按本年兩次加封

同治十一年加封助順永寧侯爲助順永寧佑安顯應綏靖昭感護國孚惠靈庇侯

光緒元年加封助順永寧侯爲助順永寧佑安顯應綏靖昭感護國孚惠靈庇翊化侯

光緒五年加封助順永寧侯爲助順永寧佑安顯應綏靖昭感護國孚惠靈庇翊化昭顯侯

光緒十年加封助順永寧侯爲助順永寧佑安顯應綏靖昭感護國孚惠靈庇翊化昭顯佑民侯

池北偶談記朱公遺婢帖 王士禎

總河尚書義烏梅麓朱公之錫溫然長者以清愼受知後齎志以歿又無嗣子近見公遣婢帖眞盛德事錄之以示後生知前輩用心如此帖云前送回張氏女子原無大過只是娃子氣好言教導不甚知省誠恐聲色相加流入婢子一類所以量給衣飾還其父母初

時原是待年五六日後便有遺歸之意故自後幷無半語諧謔猶然處子也而此女臨去時哭泣甚悲既恐人笑又恐人不相信不肯甚憐之足下可將此女原無大過完璧歸趙一段緣由向其父母中媒昌言明白以便此女將來易於擇壻也康熙中徐兗淮揚間人盛傳朱公死爲河神十一年總河王中丞徇民情疏請建祠濟寧下部議寢其事按公此事與宋張乖崖及明左都御史沂州王公璟事略同

國史館本傳 節錄

康熙十二年八月河道總督王光裕疏言之錫生而盡瘁歿爲河神江淮兩河商民追思惠政每涉危履險祈禱即驗邳州宿遷中牟陽武曹單等縣皆爲建廟漕艘運丁亦塑像尸祝其生前保運安瀾固分所宜盡而其始終爲國爲民之精誠能於沒後有驗請據輿情籲請錫封疏下禮部部臣以河臣封神未有成例寢其事乾隆四十五年二月巡視河工允在事諸臣請諭禮部以之錫沒爲河神屢著靈應賜封助順永寧侯春秋致祭

治河名臣小傳 陸燿 節錄

徐兗淮揚間人盛傳之錫死爲河神康熙十一年總河王光裕徇民請疏請建祠濟寧

部議未允而豫河兩岸往往私自肖像立廟稱爲朱大王專載王士禎池北偶談

按朱義烏尚書殁爲河神自王總河疏陳外紀載最初者厥惟王文簡池北偶談迨乾隆四十五年始得封然當時敕封實爲助順永寧侯以後歷次加封皆仍侯號無大王之稱雖李氏所輯國朝先正事略成書在同治時亦未嘗及惟陸氏治河名臣小傳云豫河兩岸往往私自肖像立廟稱爲朱大王則今廟祀之稱所由來也例以栗恭勤公之封號則尚書之稱大王固允於人心也

助順永寧侯廟碑記 管世銘

乾隆四十三年黃河盛漲儀封祥符先後漫口屢命重臣會同河道總督河南巡撫悉力修築此塞彼潰久未告功至四十五年春南巡江浙臨河駐蹕默禱於神而豫省最後未塞之儀封南岸十堡即於是日有大風掣溜數十丈之坎陷立見塡淤隨而下埽不數日集事官民吏卒萬口讙呼於是奉旨在新工擇地特建河瀆之廟以答神庥復經大學士誠謀英勇公阿桂河道總督陳輝祖河南巡撫榮柱奏請修理假師縣靈佑襄濟黃大王墳塋給子孫奉祀冠帶頒銅瓦廟風神廟御書匾額又原任總河朱之錫功著南豫二省

沒爲河神歴著靈應士人禋祀已久請特賜位號以從民望即今廟神也奏上並得旨報可於是敕封神爲助順永寧侯於新工專廟奉祀各大吏以開封省會復擇地於宋門內別建一祠以昭安佑捐帑三千二百八十九兩有奇屬紳士某某董其役經始於乾隆四十五年之冬越一年而蕆事因具建廟之由與公所以爲神者以告於後謹按神爲浙江義烏人由進士累官河道總督兵部尚書都察院右副都御史晉階太子太保順治十四年蒞任十七年母喪去官以河事急起復視事又數年以勞瘁終於任功之著於豫者順治十四年河決祥符槐疙疸又決陳留孟家埠十五年決陽武慕家樓十七年決陳留郭家埠又決虞城羅家口皆賴公悉心相度隨方修塞不久完安其治河方畧見於兩河利害等疏如工程則工力不到法式非宜料物虛浮徒事粉飾器具則儲備不預徒手莫施製作草率不堪適用夫役則扣剋工食奸豪包佔貧富僉貧賄囑私透物料則交修捐勒扣減價值折乾肥私盜用官物於瘞官齎役之情弊如火之燭影鑒之取形至謂非淡泊無以耐風雨之勞非精細無以察防護之理非慈斷兼行無以協羣夫之力非勇往直前無以應倉猝之機又云刑名錢穀皆可以文移辦治獨河工非足到眼到不能至哉言乎

後之言治河者其能以加於此乎方儀封大工之將竣也或見老人往來河濡若有所相度者然既而植竿爲標識問之曰河水將從此過非官定引河所經也叩其姓曰朱言已失所在而其竿故存其人走告河北觀察朱公岐親往視之已而開放引河果由此刷路別去工得以成咸以爲神之默佑也其他靈應傳聞於父老多矣此尤近事之顯著而朱公爲不妄者語故備書之

朱大王傳 河神傳 節錄

康熙庚戌毘陵太史吳公諱珂鳴字耕方者過泗州青谿鎭見有新建河神廟榱題楹桷美輪美奐入禮之見神像六尊其五位像貌威嚴衣冠古制迺封號之顯著者皆所素悉惟第六神像位號猶生衣履冠服皆從今制心竊訝之未得敬識也乃進廟祝而詢之祝曰神所命也去歲有巫降於此自言我總河朱某也奉上帝敕命督理江河宜廟食茲土里人詢巫何所徵信神言今江濱舟中有余同年二人可邀來訪之果然乃亟請二人至廟與神面叙生平交誼歷歷不爽皆人所不知之語二君信爲不誣哭拜而去此後每有祈禱無不響應

考定朱大王生日記　蕭松年

爲天地神祇作生日斯妄也若以人而神者其生日炳然可考即以人道事之於其日薦牲醴奏管絃以娛神而祈福亦固其宜大河之尊神三一曰謝一曰黄一曰朱朱爵侯也而與謝黄並崇稱爲王謝黄誕降之辰人多傳之獨朱大王之生日未著咸豐五年王顯聲靈於工次當事列狀請加封號於朝報允觀察周君煦徵以未得知王生日歲闕此祭深用爲憾乃託之筳篿定爲八月初三日爲文刊之石余以同治十年持節行河讀周文而疑之維王去今未久其家當有譜牒可徵假爲卜筮而武斷之無乃誣神歟王義烏人也遂書與浙中官府從義烏令求索之今得報書錄其家乘來乃知王爲十二月初七日誕生快然自幸喜免於欺罔之愆大天下事固至賾也不可遽數而偏識也有不知者必就其有可知之道徐以求之求之而終不得斯可無恨若不深求而恣臆爲之靡不謬者謬然後悔亦無及矣凡百施作能無慎乎今既灼知王之誕辰至期必竭誠歌舞以告歡忻而通蠁肸庶幾明神之昭格爰鐫石書事置於壁間周君記文之右以曉吏民且垂爲常典焉

同治十二年奏准原任河東河道總督栗毓美於鄆城金龍四大王廟內添置神位附祀

同治十三年敕封誠孚栗大王

光緒元年加封栗大王爲誠孚普濟栗大王

光緒二年加封栗大王爲誠孚普濟靈惠栗大王

光緒三年加封栗大王爲誠孚普濟靈惠顯佑栗大王

光緒五年加封栗大王爲誠孚普濟靈惠顯佑威顯栗大王

按神八月二十日誕辰

河南印刷局印

豫河志　卷二十一　十

嘉慶二十四年敕封浙江錢塘縣湧金門內鎮海威遠金華將軍靈應封號

同治六年加封曹將軍爲靈應孚惠曹將軍

同治七年加封曹將軍爲靈應孚惠護國曹將軍

同治八年加封曹將軍爲靈應孚惠護國顯佑曹將軍

同治十一年加封曹將軍爲靈應孚惠護國顯佑昭應曹將軍

光緒元年加封曹將軍爲靈應孚惠護國顯佑昭應廣綏曹將軍

按會典事例於嘉慶二十四年始封云謹案神曹姓名杲五代時吳越人於同治六年加封云謹案曹將軍即嘉慶二十四年敕封靈應鎮海威遠將軍而河神傳云嘉慶二十四年敕封鎮海威遠金華將軍嗣又敕加靈應同治六年河督蘇奏敕加孚惠同治七年直督李奏敕加護國同治八年河督蘇奏敕加顯佑同治十二年東撫丁奏敕加昭應較之會典事例似嘉慶二十四年始封是靈應至鎮海威遠金華當係舊有之封號故自同治六年以後皆由靈應加封不復敘鎮海威遠金華之號至廣綏封號乃光

緒元年所加河神傳之遺闕蓋疏也

道光二十九年敕封顯應九龍將軍

同治六年加封陳九龍將軍爲顯應顯佑陳九龍將軍

同治七年加封陳九龍將軍爲顯應顯佑贊順陳九龍將軍

同治八年加封陳九龍將軍爲顯應顯佑贊順護國陳九龍將軍

同治十一年加封陳九龍將軍爲顯應顯佑贊順護國靈應陳九龍將軍

光緒元年加封陳九龍將軍爲顯應顯佑贊順護國靈應綏福陳九龍將軍

光緒五年加封陳九龍將軍爲顯應顯佑贊順護國靈應綏福昭顯普佑陳九龍將軍

光緒十年加封陳九龍將軍爲顯應顯佑贊順護國靈應綏福昭顯普佑廣利昭應陳九龍將軍

按會典事例云將軍陳姓會於嘉慶十七年敕建九龍廟並永定河立專祠道光二十九年始敕封廟祀山東張秋鎭而河神傳云嘉慶十七年於陝西大荔縣九龍廟敕加昭靈普順嗣又敕加安流衍澤同治六年河督蘇奏敕加顯佑同治七年直督李奏敕

加贊順同治八年河督蘇奏敕加護國同治十二年東撫丁奏敕加靈應光緒四年漕督文奏敕加昭應光緒五年漕督薛奏敕加普佑又總述封號曰敕封統理河道襄運通濟顯應昭靈普順安流衍澤顯佑贊順護國靈應昭顯普佑陳九龍將軍較之會典事例多襄運通濟昭靈普順安流衍澤十二字少綏福廣利昭應六字始封之年亦復兩異

同治六年敕封靈佑楊四將軍

同治八年加封楊四將軍爲靈佑贊順楊四將軍

光緒元年加封楊四將軍爲靈佑贊順利濟楊四將軍

光緒七年加封楊四將軍爲靈佑贊順利濟襄護楊四將軍

按會典事例云謹案神行四名無考明永樂元年六月六日誕生係河南溫縣人生而靈異未冠成神明封將軍以治水功德在民建廟張秋鎮碑傳又載國初敕封總理江湖河道襄運平浪鎮東侯惟時代無考近年河工遇險迭昭靈異而河神傳云敕封管理江河襄運平浪靈佑贊順祈龍楊四將軍將軍河南溫縣人生而有靈明永樂間時

年十二邑水暴漲作柎濟渡忽失足落水父大哭俄見乘板嬉笑欲呼之復入水伸手作龍蛇狀順流東下是夜鄉人同夢言受封爲將軍康熙年間敕封將軍同治六年河督蘇奏敕加靈佑同治八年河督蘇奏敕加贊順大概與會典事例相合惟翼運平浪乃侯封非將軍封又落鎮東二字褒護加於光緒七年即河神傳成書之年未列猶可言也若利濟乃光緒元年所加何以遺去實不可解至靳龍封號又不知何所據也

同治八年敕封署理河南祥河同知王仁福爲將軍

光緒元年加封王將軍爲溥佑王將軍

光緒十一年加封王將軍爲溥佑保民王將軍

會典事例

謹案神於同治六年搶護險工擘水殁而爲神嘗經賜卹建廟河干屢次顯靈險工即平遂蒙奏准

河神傳

將軍諱仁福江蘇太湖廳人由監生歷捐同知分發東河同治六年署理祥河同知是年

八月黃河陡漲工程危險搶埽落水身故大溜登時外移七年伏秋汛化身登埽工程平穩紳民咸欽神異八年二月河督蘇奏請敕加封號奉旨禮部議奏欽此十年正月奉部議准十三年十一月因屢著靈異保護險工河督喬奏請敕加封號奉硃批禮部議奏欽此光緒元年四月接准部咨封號字樣奉硃筆圈出溥佑欽此

光緒十二年敕封黨將軍爲將軍

按會典事例云謹案將軍河南封邱人與黃大王同時而河神傳云敕封管理河道塡埽閉塞黨將軍諱住餘與黃大王傳同不複錄惟云塡埽閉塞恐非封號會典事例之不載封號蓋始封嘗有無封號者惟云姓黨似不如河神傳之依神牌而書者

光緒二十二年敕封河南上南同知王渼爲將軍

河神傳

公諱渼字岑皆浙江歸安人少孤讀書不屑爲詞章之學從兄治習河務盡得要領嘉慶二十五年投効東河補祥符南岸主簿積功累遷祥符縣丞德州州同中河通判先後署鄭州州判睢州州同睢寧通判咸豐力修守民多頌之道光二十一年夏六月河決開封

河南印刷局印

下南廳前任以疏防被譴檄公調是缺會河勢日迫汴城晝夜守禦卒得無患秋九月浦城相國奉命治河使掌祥工東壩凡進占鑲埽諸要工皆責成之於是陳機宜除積弊冒風雪任勞怨犯危難者三閱月次年春正月壬子金門僅存數丈剋期合龍掌壩者益併力甲寅夜半門占甫下水勢尤烈公率兵役挑燈登其上指揮未竟倏大風暴起溜急埽蟄一時並沒事聞特詔軫卹入祀昭忠祠予雲騎尉世職厥後河工凡遇險要往往見雙燈前導幻身禦患靈跡昭著紳民咸欽河督許奏請封號於光緒二十二年二月初八日奉旨敕封將軍欽此

敕封管理河道水府靈通廣濟顯應英佑侯蕭公

河神傳

公姓蕭名伯軒廱眉皎髮美鬚而如童年少爲人剛正自持言笑不苟善善惡惡里閈咸爲之準平歿於咸淳間遂爲神附童子先事言禍福中若發機鄉民相率立廟於新淦縣之太洋洲福澤一方元時以子祥叔死有靈合祀於廟洪武嘗遣諭祭永樂十七年其孫天任卒屢著靈異亦併祀之詔封水府靈通廣濟顯應英佑侯

敕封管理河道顯靈平浪侯晏公

河神傳

公姓晏名戌仔臨江府之清江鎮人也濃眉虬髯面黑如漆平生疾惡如探湯人有不善必曰晏公得無知乎其爲人敬憚如此元初以人才應選入官爲文錦堂局長因病歸登舟即奄然而逝從人殮具一如禮未抵家里人先見其鳴騶導於壙野衣冠如故咸重稱之月餘以死至且駭且愕語見之日即死之日也啓棺視之一無所有蓋尸解云父老知其爲神立廟祀之有靈顯於江湖前明詔封顯靈平浪侯

敕封管理河道湧水順風柳將軍

敕封管理河道湧浪分水劉將軍

敕封管理河道通濟平浪張將軍

敕封管理河道添沙混水武將軍

敕封管理河道穩塌護埽郭將軍

敕封管理河道平水息浪黃將軍

河南印刷局印

敕封管理河道催運保船丁將軍
敕封管理河道雙水鴻浪高將軍
敕封管理河道順水招財潘將軍
敕封管理河道催水運沙彭將軍
敕封管理河道流沙漫灘季將軍
敕封管理河道鎮埽穩樁袁將軍
敕封管理河道緩水息浪孔將軍
敕封管理河道積水漫沙盧將軍
敕封管理河道九江通會楊將軍
敕封管理河道參杳善惡楚將軍
敕封管理河道移土塡潭郝將軍
敕封管理河道穿坳青龍馬將軍
敕封管理河道洪河利水周將軍

敕封管理河道白馬粟將軍
敕封管理河道活水起淤張將軍
敕封管理河道掠風淘河康將軍
敕封管理河道滾水播浪劉將軍
敕封管理河道播水開導張將軍
敕封管理河道宗大將軍
敕封管理河道宗二將軍
敕封管理河湖靈應宗三將軍
敕封管理河道宗四將軍
敕封管理河道搶水徐將軍
敕封管理河道混水吳將軍
敕封管理河道孫將軍
敕封管理河道侯將軍

河南印刷局印

敕封管理河道焦將軍

敕封管理河湖薛將軍

敕封管理河道耿將軍

敕封管理河道魯將軍

敕封管理河道韓將軍

敕封管理河道羅將軍

敕封管理河道榮將軍

敕封管理河道白將軍

敕封管理河道潘將軍

敕封管理河道范將軍

敕封管理河道沈將軍

敕封管理河道賀將軍

敕封管理河道聶三將軍

敕封管理河道聶四將軍

敕封管理河道楚何常許四將軍

敕封管理河道何將軍

敕封管理河道秦將軍

敕封管理河道湯將軍

敕封管理河道張將軍

敕封管理河道錢將軍

敕封管理河道趙將軍

敕封管理河道馮將軍

敕封管理河道岑將軍

敕封管理河道李將軍

論曰江淮河濟是謂四瀆與在天之日月星辰在地之名山大海同其禮秩天下之名水多矣而四瀆則以能直入於海爲經流故著之於典自古至今未有易焉四瀆之中河之

河南印刷局印

足爲生民利害也尤重於江淮濟故祀事亦最多然自明以前所祀者河而已至明太祖時乃於河之外而別有神則金龍四大王爲最初猶江神之祀李冰父子也自是河神之位日增皆以靈應昭著信於民人之口而國家從而禮之禮記祭法曰有功德於民則祀之以死勤事則祀之能禦大災則祀之能捍大患則祀之古聖王制禮之深意蓋如此而後之論者乃曰神道設教未必盡足徵信也然河神之足信固昭昭在人耳目矣又如朱義烏尚書栗恭勤公則中州之士大夫與鄉閭之父老子弟言其功閱赫赫若前日事沒齒而不能忘瞻其廟貌莫不震動肅恭而謂公如或臨之也不然如靳文襄公輔陳恪勤公鵬年恪勤公齊蘇勒稽文敏公曾筠亦治河之最有聲績者何不得與於斯也知其故蓋在於民矣凡在祀典之大王將軍固皆中於祭法之所云光緒時東河署曾刊有敕封大王將軍傳其時總河兼轄河南山東兩省黃運皆屬所統故有宋大王白大王因運河也有黎襄勤公著靈張秋鎮也今志專以豫省爲斷則未可並列宋白黎三神亦禁昭祭不越望之意也又其語焉弗詳者如金龍山聖蹟記之記金龍四大王事池北偶談之記黄大王事曾侍御助順侯廟碑皆爲增入神之封號一依會典事例斷自光緒十二年至

宋義烏尙書恭栗勳之傳則入之職官封神後乃入祀典以示區別云

河南印刷局印

後記

我是從數學史學習中逐步瞭解治黄史的。漢代《許商算術》的作者許商，好天文術數之事的王景、李尋善，他們既是數學家，又以治理黄河而聞名。我國現存最早的河工著作《河防通議》，將中國古典數學天元術運用到治黄工程中，創造了中國古代工程數學的一個高峰。除了數學史之外，内蒙古師範大學科學技術史研究還以少數民族科技史和地方科技史見長。李迪先生曾指出地方科技史研究的重要内容是人與自然環境變遷、科技遺迹與自然環境以及環境與生産的關係，此類研究具有明顯的現實意義和重要價值。想要通過大科學史研究，弄清變遷的原因和未來的發展趨勢，産出對于地方各方面的開發有更大、更直接價值的成果，這類研究大多離不開文獻。之後，李迪先生更是直接指出科技史研究不僅是對過去的科技工作和科技成果的回顧與總結，而且要着眼于現代，讓古人的發明創造爲今人服務，繼續在現代發揮其應有的作用。我將先生大科學史的治學理念視爲座右銘，在科研工作中更加注重讓科研成果服務于國家戰略與區域發展需求。

二〇一九年九月，習近平總書記在黄河流域生態保護和高質量發展座談會上指出，黄河流域在我國經濟社會發展和生態安全方面具有十分重要的地位。黄河流域生態保護和高質量發展是重大國家戰略。同年十月，黨的十九届四中全會提出『加强邊疆治理，推進興邊富民』，首次把邊疆治理寫入黨的文件。内蒙古師範大學組織科研力量，積極申報研究闡釋黨的十九屆四中全會精神的國家社科基金重大項目，其中『中國特色社會主義民族區域自治制度自信研究』項目獲批。我承擔其中的『鑄牢中華民族共同體意識下的民族自治地方文化自信研究』子課題，而黄河是首選文化要素。二〇二四年，該項目順利結項，我也對黄河文化所藴含的時代價值有了更深的體會。

有鑒于此，我帶領文化遺産智能應用服務中華民族共同體建設『英才興蒙』團隊，以黄河爲主題，開展了文獻、文物、傳統工藝等多模態資源庫建設和跨模態應用示範工作。這次與内蒙古人民出版社合作出版的《黄河國家治理文獻集成》，旨在梳理和總結文獻中所藴含的歷史經驗和文化信息，爲當代及未來的黄河治理和地方文旅産業發展提供參考與借鑒。

感謝内蒙古民族文化産業研究院、巴彦淖爾市圖書館等单位的傾力相助，感謝内蒙古自治區黨委宣傳部、内蒙古出版集團、内蒙古人民出版社對本項目的支持與幫助。

在此，也向致力于黄河治理和大河安瀾的歷代先賢與當代典範表達崇高的敬意：你們的不懈努力與無私奉獻，爲黄河的安寧與人民的福祉築起了堅實的防綫；你們的智慧與勇氣，將永遠銘刻在中華民族的歷史豐碑上，激勵後人不斷前行。

董杰

二〇二五年一月